科学发展小丛书

张神根 /主编

生态文明：从理论到行动

姚　燕　李东方 /著

U0311885

◎ 中共党史出版社

图书在版编目(CIP)数据

　　生态文明：从理论到行动/姚燕，李东方著．—北京：中共党史出版社，2012.10

　　(科学发展小丛书/张神根主编)

　　ISBN 978-7-5098-1853-4

　　Ⅰ．①生… Ⅱ．①姚… ②李… Ⅲ．①生态文明—建设—成就—中国 Ⅳ．①X321.2

　　中国版本图书馆 CIP 数据核字(2012)第 222384 号

责任编辑：王鸽子

出版发行：*中共党史出版社*

社　　址：北京市海淀区芙蓉里南街 6 号院 1 号楼

邮　　编：100080

网　　址：www.dscbs.com

经　　销：新华书店

印　　刷：北京汇林印务有限公司

开　　本：148mm×210mm　1/32

字　　数：106 千字

印　　张：5.375

印　　数：1—5000 册

版　　次：2012 年 10 月第 1 版

印　　次：2012 年 10 月第 1 次印刷

　　ISBN 978-7-5098-1853-4

定　　价：12.00 元

此书如有印制质量问题，请与中共党史出版社出版业务部联系
电话：010—83072533

奋力把中国特色社会主义事业推进到
新的发展阶段

张神根

党的十六大召开至今已有十年。综观这十年，国际形势风云变幻，国内改革发展稳定任务繁重，以胡锦涛同志为总书记的党中央高举中国特色社会主义伟大旗帜，以邓小平理论和"三个代表"重要思想为指导，深入贯彻落实科学发展观，紧紧抓住和用好我国发展的重要战略机遇期，团结带领全党全国各族人民，战胜一系列严峻挑战，奋力把中国特色社会主义事业推进到一个新的发展阶段。

十年来，我们党全面推进社会主义经济建设、政治建设、文化建设、社会建设、生态文明建设以及党的建设和其他各方面工作，中国特色社会主义事业取得辉煌成就和历史性进步。国民经济持续发展，总量跃居世界第二，综合国力大幅提升。民主法治持续进步，社会主义民主政治展现出更加旺盛的生命力。文化改革发展全面推进，人民享有愈来愈丰富的精神文化生活。社会事业全面发展，民生优先发展理念深入人心。政府、企业、公众对生态建设和环境保护事业形成高度共识，环境保护工作和实践呈现焕然一新的面貌。积极履行加入世贸组织承诺，开放型经济实现了跨越式发展。人民解放军有力捍卫国家主权安全和领土完整，坚决维护了我国发展的重要战略机遇期。保持香港、澳门繁荣稳定，开创两岸关系和平发展新局面。始终不渝走和平发展道路，新兴大国地位和国际影响力显著提升。党的建设与时俱进，党的先进性、纯洁性进一步彰显，执政理念和执政能力实现历史性进步。成功举办大事要事，从容应对急事难事，经受住一次又一次重大考验。我国发展成就举世瞩目，中国特色社会主义道路越走越宽广。

为全面系统回顾和总结党的十六大以来，以胡锦涛同志为总书记的党中央全面推进改革开放和社会主义现代化建设、全面推进党的建设新的伟大工程所走过的光辉历程、取得的辉煌成就和积累的宝贵经验，我们组织撰写了这套《科学发展小丛书》，并由我统改了全部书稿。这套总计十本的丛书，也是我们向党的十八大献上的一份礼物，祝愿我们伟大的祖国向着2020年全面建成小康社会、到本世纪中叶基本实现社会主义现代化的宏伟目标阔步迈进。

在写作中，作者努力做到全面展示重大成就和社会进步，深入揭示深层原因和宝贵经验，力求语言简洁明快、生动活泼。但是，由于所叙述的是刚刚过去的历史甚至是还在发展的现实，把握起来很不容易，加上作者能力和水平有限，因此难以尽如所愿，难免存在各种各样的不足，欢迎广大读者提出意见或建议，以便今后完善和提高。

在丛书出版之际，我们要感谢中央党史研究室副主任张树军、中央党史研究室副主任高永中、第二研究部主任武国友、中共党史出版社社长汪晓军。没有他们的大力支持，这套丛书很难如期出版。

2012 年 10 月

目　录

第一章　绿色中国：携生态文明走进新世纪 ……… 1

第一节　序曲：21世纪前的环境保护 ………… 2

第二节　十六大以来的生态文明建设 ……… 15

第三节　展望中的挑战和机遇 ………… 26

第二章　倒逼机制：从生产到消费的绿化 ……… 31

第一节　转变经济发展方式和经济结构调整 …… 32

第二节　节能减排和循环经济 ………… 41

第三节　经济杠杆挥动绿色大旗 ………… 49

第四节　"三农"事业的生态化 ………… 59

第三章　执政新地标：生态政治初现端倪 ……… 66

第一节　政府公共服务职能中的环境治理和
生态建设 ………… 66

第二节　完善法制呵护大自然 ………… 76

第三节　助力绿色社团，加强环保宣传和教育 …… 84

第四章　百尺竿头：自然生态环境建设成绩斐然 … 95

第一节　自然保护区建设再创佳绩 ………… 95

第二节　生物多样性保护工作成效显著 ………100

第三节　生态系统保护与建设进展顺利 …………111

第四节　自然灾害的防御和应急预案 ·············· 121

第五节　城市环境治理和防污控污 ·············· 128

第五章　国际交往新路径：积极应对国际气候和环境问题 ·············· 134

第一节　充分利用环境贸易壁垒的"双刃剑" ····· 135

第二节　主动参与应对全球气候变化 ············· 141

第三节　积极参与全球环境治理和合作 ········· 149

结束语 ·················· 158

第一章 绿色中国：
携生态文明走进新世纪

生态文明是指人类在改造客观自然界的同时，又主动保护客观自然界，在积极改善和优化人与自然的关系，建设良好生态环境的过程中所取得的物质和精神成果的总和。它的核心内容是人与自然和谐发展的价值观在经济社会发展中的落实及其成果反映，包括有利于生态环境和社会经济同时发展的科学的生产方式、生活方式、行为方式和文明的生态文化价值观与环境保护意识。

中国共产党作为执政党，对生态文明的建设经历了一个从萌芽认识到视之为社会价值形态的认识过程，经历了一个从简单的环境污染治理到提出生态文明建设和全方位构建人与自然和谐社会的实践过程。在这个历史过程中，我国的生态文明建设不断探索新的途径，采取新手段，实施新办法，取得了新的成绩。生态文明建设在被纳入中国特色社会主义事业的总体布局之后，已经日益走上科学发展的轨道。

第一节　序曲：21世纪前的环境保护

新中国成立以来的近半个世纪里，作为执政党的中国共产党不断深化对生态文明的认识，不断加大生态文明建设的力度。这期间，中国共产党不仅形成了自己的生态文明建设理论，还取得了丰硕的实践成果，为十六大以后的生态文明建设奠定了理论基础和实践基础。

1978年以前的生态文明建设

20世纪五六十年代，我国的环境污染和生态恶化还没有成为真正意义上的"环境问题"。就自然环境而言，70年代初，我国大部分海域环境质量较好。五六十年代进行的大面积农业垦荒并没有对自然生态系统造成不良的影响。就社会生产而言，我国的生产能力总体水平较低，对自然资源的需求在体量上还相对较小。当时的森林工业发展缓慢，各种木材和竹材的产量分别为八十年代初期的13%和7%。这样的生产能力对当时的森林资源还不会构成很大的影响。用于农业生产的每亩耕地施用化肥量，1957年为0.2公斤，1965年为1.2公斤，仅为1978年5.9公斤的3%和20%，对耕地的影响也相对有限。[①]从资源消费上来看，当时的能源消费远不及今天的单位GDP能源消耗量。我国人均消费能源总量(千克标准煤)1965年为264.3远低于1985年的734.1和1994年的1029.8，[②]对环境

---

① 国家统计局：《全国各省、自治区、直辖市历史统计资料汇编1949—1989》中国统计出版社1990年版，第14页。

② 国家统计局人口和社会科技统计司：《中国社会统计资料》，中国统计出版社2000年版，第202页。

的影响要小于八九十年代。但不可否认的是，在"大跃进"时期，全面实施优先发展重工业和追求赶超目标的发展战略，特别是全民大炼钢铁和大办重工业的非理智做法造成了一定程度的环境污染和生态破坏。"文化大革命"开始后，由于在经济建设中强调数量而忽视质量，片面追求产值，不注意经济效益，尤其是各地"五小"工业的发展，在取得一定经济效益的同时，也导致一些地方资源浪费和环境污染。随着人口剧增，为了解决"吃饭"问题，实施"以粮为纲"，在一些不宜种粮的地区开始开荒种粮，导致毁林毁草，围湖围海造田等现象加剧，引发了局部地区的水土流失和自然生态环境恶化。

正因为上述环境问题的出现，中国共产党在执政的过程中开始认识到生态保护的问题，进行了内容包括植树造林、绿化祖国、美化环境、保持水土、调控资源等方面的生态文明建设。只不过受当时历史条件的限制，这时期的生态文明建设还处于萌芽和起步状态，在认识和实践上呈现出以下内容和特点：

一是自然灾害的频发和后发国家的发展要求使得我国在人与自然的关系问题上呈现出一维性认识，强调人对自然的征服。"革命的中国人民，有改造自然的雄心壮志，有长期奋斗的决心，……创出一条征服自然的道路。"[1]，要"团结全国各族人民进行一场新的战争——向自然界开战，发展我们的经济"[2]成为当时的国家发展生产的重要理念。这种理念只强调

---

[1] 《中共中央、国务院批转水利电力部党委〈关于全国水利会议的报告〉》（1965年），中共中央文献研究室：《建国以来重要文献选编》第20册，1998年中央文献出版社，第576页。

[2] 毛泽东：《毛泽东著作选读》下册，人民出版社1986年版，第770页。

了人与自然对立和斗争的一面，没有意识到对自然生态环境的保护问题。但是，在生态环境问题尚处于局部状态和自然灾害频发的背景下，当时最重要的任务是提高物质生产以满足强国富民的生存需要。因此，这种一维性认识具有历史必然性。

二是赶超型的发展战略和粗放的发展模式导致对生态环境的认识具有较强的功利性，仅从为经济发展服务的角度来认识生态环境建设。例如，在五六十年代的抗旱和水土保持运动中，提倡"变水害为水利，……使江河为人民服务"[①]，"所有水土保持措施，都必须从解决当前的生产生活着手"[②]。在森林建设上，要求"为了尽快地增加森林覆盖率和供应国需民用，在树种的选择上必须着重发展杨树、洋槐、桉树、泡桐、柳树等速生树种"[③]。这种功利性的认识是上述自然观的体现，也具有一定的历史必然性。但是，这种认识没有从自然生态自身的角度来审视人的生产和生活行为。

三是不承认社会主义制度下有环境污染，生态环境建设只侧重于人居环境的治理和保护，环境保护工作也还仅限于以搞好生产和生活环境、改善城乡卫生面貌为主要内容的爱国

[①] 《中共中央、国务院批转水利电力部党委〈关于全国水利会议的报告〉》（1965年），中共中央文献研究室：《建国以来重要文献选编》第20册，中央文献出版社1998年版，第576页

[②] 《中共中央、国务院批转水利电力部党委〈关于全国水利会议的报告〉》（1965年），中共中央文献研究室：《建国以来重要文献选编》第20册，中央文献出版社1998年版，第583页。

[③] 《中共中央、国务院关于在全国大规模造林的指示》（1958年4月7日），中共中央文献研究室：《建国以来重要文献选编》第11册，中央文献出版社1995年版，第247页。

卫生运动。因此，当时的国家机构中也没有独立的环保部门，而只是在卫生部门中设立一些临时性的机构来进行环境卫生工作。

四是在计划经济的统一体制下，生态文明建设实践手段单一，主要是采取行政手段和发动群众运动。最集中的表现就是这一阶段的各种环境保护措施都是以行政命令的形式出台的。一些具体防治手段，如"三同时"制度（同时设计、同时施工、同时投入使用）、限期治理制度和各种环保运动手段都具有明显的行政命令特征。

尽管五六十年代，特别是70年代，我国的生态文明建设带有萌芽性质，但毕竟迈出了生态文明建设的第一步，取得了一些带有奠基性质的成就。

1972年6月，我国参加了联合国召开的人类环境会议。会议让与会的中国代表产生了一个重要的思想转折，即生态破坏和环境污染问题不仅仅是资本主义社会的产物，在社会主义中国也有，而且非常严重。这"为1973年召开的全国第一次环境保护会议奠定了一个比较好的思想基础"[①]。1973年，第一次全国环境保护会议在北京召开。会上，中国政府首次在公开场合承认中国也存在环境污染。这次会议揭开了中国当代生态建设和环境保护的序幕。1974年，国务院环境保护领导小组成立，从而奠定了生态文明建设的组织基础。随后，各省、市、自治区和国务院的主要部门也相继建立了环境保护机构。全国环境保护机构的建立使我国的生态建设和环境保护事业开

---

① 曲格平：《我们需要一场变革》，吉林人民出版社1997年版，第3页。

始走入正轨。

1978—1992年可持续发展战略提出以前的生态文明建设

改革开放后的十余年中，依靠高投入高消耗的资源战略，我国经济建设获得较快发展。经济建设和生态环境矛盾开始突出。这一时期我们党坚决贯彻环境保护和计划生育的基本国策，积极开展生态环境建设。这一时期的生态文明建设具有承上启下的性质。

在这个阶段，生态环境问题较为严重。主要表现为：耕地面积减少，土地质量退化。森林、草原和海洋水产品资源退化减少的现象继续发展；全国森林覆盖率由12.7%下降到12%；水资源供求矛盾将日益尖锐；生物多样性下降的趋势明显；矿产资源的浪费现象比较普遍；城市的大气、水体、固体废物及噪声等方面的污染仍很严重。[1]从总体来看，生态破坏和环境污染的发展趋势是由点向面、由轻到重。[2]

由于日益严峻的生态环境形势和国际生态环保运动高潮的影响，我们党对生态文明建设认识和实践发生了较大的变化，开始摆脱原来的萌芽状态，内容逐步丰富，手段开始多样。

过去单一的"向自然开战"的自然观得到逐步改变，开始

---

[1] 《城乡建设环境保护部关于加强城市环境综合整治的报告》（1987年4月30日）国家环保总局，中共中央文献研究室编：《新时期环境保护重要文献选编》，中央文献出版社2001年版，第97页。

[2] 《中国自然保护纲要》（1986年11月），国家环境保护总局，中共中央文献研究室编：《新时期环境保护重要文献选编》，中央文献出版社2001年版，第90—92页。

强调利用自然资源的同时，要尊重自然，按照自然的客观规律来发展经济。1981年四川特大洪灾使得我们党认识到征服自然不能任意地"战天斗地"，而是要做到："人口和经济的发展，不仅要注意经济规律，同时也要注意自然规律，注意自然地理、经济地理的研究，否则就会受到客观规律的惩罚。"[①]"开发利用自然资源，一定要按照自然界的客观规律办事"[②]，"在开发利用水资源时，应充分注意对自然生态的影响。""要根据当地的自然资源和环境保护要求，合理调整农业结构。"[③]等等。自然观的变化反映了我们党的发展观的理性回归，成为实施生态文明建设的最初的哲学基础。

对生态文明建设的功利性认识也开始有所转变。党在施政中，开始强调"保护环境和自然资源，是我国社会主义现代化建设的重要组成部分和保证条件。"[④]"保护和改善生活环境和生态环境，防治污染和自然环境破坏，是我国社会主义现

---

① 万里：《加快大江大河的治理》（1991年8月28日），国家环保总局，中共中央文献研究室编：《新时期环境保护重要文献选编》，中央文献出版社2001年版，第162页。

② 《国务院关于在国民经济调整时期加强环境保护工作的决定》（1981年2月），国家环保总局，中共中央文献研究室编：《新时期环境保护重要文献选编》，中央文献出版社2001年版，第22页。

③ 《国务院关于进一步加强环境保护工作的决定》（1990年12月5日），国家环保总局，中共中央文献研究室编：《新时期环境保护重要文献选编》，中央文献出版社2001年版，第155—156页。

④ 《国务院环境委员会关于发布〈中国自然保护纲要〉的通知》（1987年5月22日），国家环保总局，中共中央文献研究室编：《新时期环境保护重要文献选编》，中央文献出版社2001年版，第87页。

代化建设中的一项基本国策。"① 特别是1989年的《中华人民共和国环境保护法》规定："国家制定的环境保护规划必须纳入国民经济和社会发展计划，……使环境保护工作同经济建设和社会发展相协调"。这充分表明我们党充分认识到了生态环境保护和经济发展的同等重要性，将生态环境保护上升到国家基本国策的层面，纳入国民经济和社会发展计划。

我们党还深化了对环境保护的认识，突出环境保护的自然生态内涵，强调生态环境保护的多部门合作，改变了过去只由卫生部负责环保工作的状况。1981年7月，中央书记处就环境保护问题提出意见，指出：现在只抓污水处理，废气处理，还不够，应当有全局安排。包括森林覆盖面积，避免沙化，长江、黄河的开发与治理，等等。② 正因为认识到生态保护是一个综合的系统工作，国务院作出规定：积极开展跨部门的协作，加强资源管理和生态建设，做好自然保护工作。林业部门、水利部门、农业部门和环境保护部门都要做好生态资源的保护工作③。

将人口问题引入生态文明建设是和上一阶段相比最大的不同。改革开放初期，我国人口基数过大，对自然资源造成了相当大的压力。中共中央确定了控制人口增长和保护环境两项

---

① 《国务院关于环境保护工作的决定》（1984年5月8日），国家环保总局，中共中央文献研究室编：《新时期环境保护重要文献选编》，中央文献出版社2001年版，第44页。

② 《人民日报》1981年7月3日。

③ 《国务院关于进一步加强环境保护工作的决定》（1990年12月5日），国家环保总局，中共中央文献研究室编：《新时期环境保护重要文献选编》，中央文献出版社2001年版，第155页。

基本国策，并把它放在整个国民经济和社会发展的重要战略地位。国务院在《关于进一步加强环境保护工作的决定》中明确指出：随着人口增长和现代工业的发展，向环境中排放的有害物质大量增加，对自然生态环境造成损害。[1] 由此可见，中共中央在生态文明实践中已经有了人口、经济、自然资源综合平衡发展的最初思路。

随着市场化改革的推进，这一阶段的生态文明建设手段开始实现多元化，经济和法律手段逐渐突出。在使用和保护自然资源方面，我们党提出要稳定山权林权，通过调整林业生产关系来发展林业，保护森林资源。早在1978年12月，中共中央批转《环境保护工作汇报要点》时就提出了要制定消除污染、保护环境的法规。1991年到1995年的"八五"计划明确提出了要"初步建立土地资源有偿使用、合理分配机制。"1990年国务院在《关于进一步加强环境保护工作的决定》中，开篇第一部分就提出要"严格执行环境保护法律法规"。用法律手段来保护生态环境已经初露端倪。

虽然这一时期，我们党的发展战略还没有上升到可持续发展的高度，生态环境建设也有许多尚待加强的地方，但是这一时期的生态环境建设仍取得了一定成就，起到了承上启下的重要作用。

首先，奠定了生态文明建设的法制基础。1978年通过的《宪法》第一次对环境保护作出了规定："国家保护环境和自

---

[1] 《国务院关于进一步加强环境保护工作的决定》（1990年12月5日），国家环保总局，中共中央文献研究室编：《新时期环境保护重要文献选编》，中央文献出版社2001年版，第153页。

然资源，防治污染和其他公害"。1979年，国家颁布了新中国成立以来第一部综合性的环保基本法——《中华人民共和国环境保护法（试行）》，标志着我国生态环境保护事业逐步走上法制轨道。这一时期，国家陆续颁布了许多重要的生态保护法规。如《海洋环境保护法》、《森林法》、《草原法》、《水土保持法》等。此外还有大量种类繁多的行政法规和地方法规、规章和标准。这些法律法规初步形成了中国环保法律体系。

其次，健全了各级生态环境保护机构，巩固了生态文明建设的组织基础。1979年，中共中央决定成立林业部。1984年，成立国务院环境保护委员会。1988年的中央和国家机构改革中，除了保留国务院环境保护委员会外，还把国家环境保护局改为直属国务院领导。这些部门的设立加强了生态文明建设的组织基础。

最后，积极开展生态环境保护的国际合作。改革开放加速了生态环境建设的国际合作。1991年，在北京成功召开了环境与发展部长级会议，通过并发表了《北京宣言》。同年，中国环境与发展国际合作委员会在北京成立。此外，中国还加入了修订后的《维也纳公约》、《蒙特利尔议定书》、《里约宣言》和《21世纪议程》等环保公约。这一时期开展的国际交流与合作进一步推进了我国生态文明建设的进程。

1992—2003年实施可持续发展战略期间的生态文明建设

1992年以来，我国逐渐形成了生态环境与经济同步、协调和发展的可持续发展战略。以此为标志，我们党将生态文明建设带入了国家发展战略和发展目标的论域，促成了生态文明建设的全面展开，为中共十七大明确提出生态文明奠定了坚实的基础。

经过十多年的努力，我国经济发展和生态环境建设都取得了较大的成就。但是，由于历史遗留和人口过多等原因，我国的生态环境形势仍然很严峻。在环境污染上，虽然控制了工业污染排放恶化势头，但是总绝对排放量还在增加。[①] 1998年底，全国人口为12.48亿。人口的过快增长势必造成对自然资源的过度开发和消耗，加剧生态破坏。[②] 在生态自然资源方面，水土流失日益严重，水土流失面积约占国土面积的38%；大面积的森林被砍伐，天然植被遭到破坏，其生态功能大为降低；草地退化、沙化、碱化面积约占全国草地总面积的1/3；生物多样性受到严重破坏，有15%至20%的动植物受到威胁，高于世界10%的平均水平。[③]

社会经济的迅速发展和依旧严峻的生态环境形势促使我们党开始考虑发展战略的转变。在继承前一阶段生态文明建设的基础上，1994年，以经济、人口和资源协调发展为核心的

---

① 宋健：《创建现代工业新文明》（1993年），国家环保总局，中共中央文献研究室编：《新时期环境保护重要文献选编》，中央文献出版社2001年版，第207页。

② 温家宝：《实施可持续发展战略，促进环境与经济协调发展》（1999年6月），国家环保总局，中共中央文献研究室编：《新时期环境保护重要文献选编》，中央文献出版社2001年版，第566页。

③ 《全国生态环境建设规划》（1998年），国家环保总局，中共中央文献研究室编：《新时期环境保护重要文献选编》，中央文献出版社2001年版，第513—514页。

可持续发展战略被正式提出。这标志着党已经开始以国家发展战略的高度来深化和实施生态文明建设的认识和实践。

1992年8月，党在环境与发展十大对策中指出："转变发展战略，走持续发展道路是加速我国经济发展、解决生态环境问题的正确选择。"① 1994年，我国政府发表《中国21世纪议程——中国人口、环境与发展白皮书》，首次提出可持续发展战略。随后，党的十五大、十五届三中全会都重申了实施可持续发展战略的重要性。2002年，党的十六大更是将"可持续发展能力不断增强，生态环境得到改善，资源利用效率显著提高，促进人与自然的和谐"列为全面建设小康社会的四大目标之一。② 随着这一战略的实施和小康社会价值目标的提出，生态文明建设获得了前所未有的重视，被置于国家发展战略和发展目标的高度上，成为改革开放和现代化建设的重要组成部分。

生态环境保护和生态环境建设同时进行的新路径开始形成。为了充分认识生态环境建设的重要性，1998年，国家专门制定了《全国生态环境建设规划》，明确提出了生态环境建设，规定生态环境建设规划要纳入国民经济和社会发展计划。③ 在具体实施生态建设的过程中，要求将国家生态环境

① 国家环保总局，中共中央文献研究室编：《新时期环境保护重要文献选编》，中央文献出版社2001年版，第194页。

② 江泽民：《全面建设小康社会，开创中国特色社会主义事业新局面》，《江泽民文选》第3卷，第543—544页。

③ 国家环保总局，中共中央文献研究室编：《新时期环境保护重要文献选编》，中央文献出版社2001年版，第512页。

建设和环境污染治理的重点工程项目要纳入国家基本建设计划；中央和地方政府都要把防治污染和生态环境建设的资金纳入预算，保证落实。[1] 在生态环境建设中，要实行"党政一把手亲自抓、负总责"。[2] 可以说，生态环境建设的提出和实施为下一个阶段明确提出生态文明建设提供了重要的理论和实践基础。

1999年3月，中共中央召开人口、资源、环境座谈会。这是中共中央第一次把人口、资源、环境问题一起列为会议的主题。朱镕基在会上指出，"人口和计划生育是我国可持续发展的关键问题。必须把人口问题摆在可持续发展战略的首要位置。"[3] 这次会议的召开充分说明，我们党继承和发展了上一个阶段的人口战略，进一步加强在生态文明建设中的人口工作，深化了对人口、经济、自然资源综合平衡发展的认识，把人口问题直接和生态环境建设置于同一个视野中，更为准确地把握了经济社会发展的规律性方向。

随着社会主义市场经济的全面深化，党更为重视生态文明建设经济、法律和行政三个手段同时并举。1994年，中共中央提出，要建立基于市场机制与政府宏观调控相结合的自然

---

① 温家宝：《实施可持续发展战略，促进环境与经济协调发展》（1999年6月）国家环保总局，中共中央文献研究室编：《新时期环境保护重要文献选编》，中央文献出版社2001年版，第572页。

② 邓力群主编：《中华人民共和国国史百科全书（1949—1999）》，中国大百科全书出版社1999年版，第156页。

③ 朱镕基：《提高认识，狠抓落实，依法行政》（1999年3月），国家环保总局，中共中央文献研究室编：《新时期环境保护重要文献选编》，中央文献出版社2001年版，第553页。

资源管理体系；^① 要完善自然资源有偿使用制度和价格体系，逐步建立资源更新的经济补偿机制。^② 修改后的《刑法》增加了"破坏环境资源保护罪"、"环境保护监督渎职罪"的规定，首次将破坏环境定为犯罪。2002年，我国第一部循环经济立法——《清洁生产促进法》出台，标志着我国污染治理模式由末端治理开始向全过程控制转变。

随着可持续发展战略的实施，这一时期的生态环境建设全面展开，并取得了关键性的发展，为下一阶段开展生态文明建设奠定了坚实的基础。

1998年，我国政府进行机构改革，将原国家环境保护局升格为国家环境保护总局（正部级），强化了生态环境建设纵向组织结构；而全国环境保护部际联席会议制度和生物物种资源保护部际联席会的建立则形成了生态环境建设的横向组织结构。至此，一个立体化生态环境保护组织体系得以基本形成。

同年，中国政府颁布实施《建设项目环境保护管理条例》，建立了环境影响评价制度，以及建设项目环境保护设施同时设计、同时施工、同时投产使用的"三同时"制度。这进一步推动了生态文明建设的制度体系建设。

随着党对生态文明建设的积极推动，我国自然生态环境有所好转。1996年，全国森林面积达1.34亿公顷，森林覆盖率

---

① 《中国21世纪议程》（1994年），国家环保总局，中共中央文献研究室编：《新时期环境保护重要文献选编》，中央文献出版社2001年版，第245页。

② 温家宝：《实施可持续发展战略，促进环境与经济协调发展》（1999年6月）国家环保总局，中共中央文献研究室编：《新时期环境保护重要文献选编》，中央文献出版社2001年版，第570页。

上升到13.92%。[①] 到2003年，森林覆盖率上升到16.55%。[②]
1995年，全国各类建设占用耕地比上年下降20.8%。"八五"
期间，防治沙漠化工程完成综合治理面积达375.9万公顷。
到1995年底，建成类型比较齐全的自然保护区799处，面积达
7185万公顷，约占国土总面积的7.19%。[③] 由于各级政府对自
然环境保护的逐步重视和自然环境的持续好转，我国的生物
多样性逐渐得到应有的重视和有效的保护。

第二节　十六大以来的生态文明建设

2002年，党的十六大将"可持续发展能力不断增强，生
态环境得到改善，资源利用效率显著提高，促进人与自然的和
谐"列为全面建设小康社会的四大目标之一。在这种前所未有
的高度重视和大力推动下，经过近十年的不懈努力，我国污染
治理和生态建设取得了很大成绩。环境污染和生态平衡的急
剧势头得到控制，局部生态环境改善明显，但整体生态环境
问题依然存在，"生态总体恶化的趋势尚未根本扭转"。[④]

目前我国的环境状况可以概括为"总体稳定，局部改善，

---

① 《中国的环境保护》（1996年），《新时期环境保护重要文献选编》，中央
　　文献出版社2001年版，第352页。
② 《2003年环境公报》（2004年4月公布），中华人民共和国环境保护部官方
　　网站。
③ 《中国的环境保护》（1996）年，国家环保总局，中共中央文献研究室编：
　　《新时期环境保护重要文献选编》，中央文献出版社2001年版，第354页。
④ 胡锦涛：《做好当前党和国家的各项工作》（2004年9月），《十六大以来
　　重要文献选编》（中），第312—313页。

个别地区恶化，是一种高污染状态下的控制"。虽然环境污染发展态势从总体上初步得到控制，局部还有所改善，但污染治理形势仍然严峻。我国的生态建设现状为：早期生态问题有所好转，新的生态问题仍在发展；人工生态有所改善，原生生态在加速衰退；单一性生态问题有所控制，系统性生态问题严重；浅层次的生态问题有所解决，深层次的生态问题突出。森林覆盖率有所增长，但天然林面积在减少，森林草地的生态功能减弱。自然保护区面积在扩大，但建设水平和管理质量不高；生物多样性下降，遗传资源丧失，有害外来物种入侵严重。据2004年的调查和测算，每年因外来物种入侵造成经济损失达1200亿元。自然灾害频发，造成巨大损失，仅2008年初的冰雪灾害就造成直接经济损失1516.5亿元。①

总体来说，由于人为活动的影响和全球气候变暖，我国生态系统呈现出由结构性破坏向功能紊乱演变的态势，局部地区生态退化有所缓解，但生态退化实质没有改变，生态服务功能持续下降。环境污染和生态破坏相互作用，生态问题呈现有进、有退、更为复杂的局面，生态状况不容乐观。

在依旧严峻的生态环境面前，资源禀赋的约束和环境容量的挤压使得我们党在继承以前生态文明建设的基础上，不断提升生态文明的地位，不懈地推动生态文明建设。首先是在怎么发展，向何处发展的高度上思考生态文明建设的意义。2003年10月，十六届三中全会第一次提出以人为本、全面协调

---

① 梁丽萍：《访原人口资源环境委员会副主任、原国家环保总局副局长王玉庆》，《中国党政干部论坛》2008年第9期。

可持续发展的科学发展观。在科学发展观的引领下，我们党对生态文明建设的认识又上升到一个全新的高度，将人与自然的和谐作为社会发展的价值目标而郑重地写入党章。2007年10月，党的十七大正式提出生态文明，并把生态环境建设作为"四个文明"和"五位一体"的内容之一放在了中国特色社会主义总体布局的高度上。

在科学发展观的指导下，我们党的自然观发生了质的变化即从和自然对立到和靠近自然，再到和自然融合，一起前行。党提出不仅要保护自然，更要在与自然和谐相处的过程中，发展自然，建设自然，将人与自然和谐作为目标贯穿于建设中国特色社会主义的整个历史过程中。胡锦涛同志就曾明确指出："对自然界不能只讲索取不讲投入、只讲利用不讲建设。"① 建设自然要"坚持保护优先、开发有序，以控制不合理的资源开发活动为重点，强化自然资源保护。"② "我们所要建设的社会主义和谐社会，应该是民主法治、公平正义、诚信友爱、充满活力、安定有序、人与自然和谐相处的社会。"③ "人与人、人与社会、人与自然整体和谐的社会，要贯穿于建设中国特色社会主义的整个历史过程。"④ 在党的十七大上，"人与

① 胡锦涛：《在中央人口资源环境工作座谈会上的讲话》（2004年3月），《十六大以来重要文献选编》（上），第852页。
② 胡锦涛：《中共中央关于制定国民经济和社会发展第十一个五年规划和建议》（2005年10月11日），《十六大以来重要文献选编》（中），第1073页。
③ 胡锦涛：《在省部级主要领导干部提高构建社会主义和谐社会能力专题研讨班上的讲话》（2005年2月19日），《人民日报》2005年6月27日。
④ 胡锦涛：《在中共十六届六中全会第二次全体会议上的讲话》（2006年10月），中共中央文献研究室编：《科学发展观重要论述摘编》，第72页。

自然和谐"、"建设资源节约型、环境友好型社会"被写入新修改的党章中。这种对自然前所未有的高度重视，标志着我们党的自然观从传统的"自然宣战"、"征服自然"向"人与自然和谐相处"的实质性转变，标志着党提出生态文明的哲学基础得以建立，还标志着我们党和国家的发展设计从粗放型的以过度消耗能源资源、破坏生态环境的增长模式，向保护自然资源、增强可持续发展能力、实现经济又好又快发展的模式转变。

党的十七大强调要建设生态文明，这是我们党第一次把它作为一项战略任务明确提出来。十七大报告强调："建设生态文明，基本形成节约能源资源和保护生态环境的产业结构、增长方式、消费模式。循环经济形成较大规模，可再生能源比重显著上升。主要污染物排放得到有效控制，生态环境质量明显改善。生态文明观念在全社会牢固树立。"什么是生态文明呢？胡锦涛给出了丰富的内涵："建设生态文明，实质上就是要建设以资源环境承载力为基础、以自然规律为准则、以可持续发展为目标的资源节约型、环境友好型社会。"[①] 胡锦涛还指出："从当前和今后我国的发展趋势看，加强能源资源节约和生态环境保护，是我国建设生态文明必须着力抓好的战略任务。我们一定要把建设资源节约型、环境友好型社会放在工业化、现代化战略的突出位置。"[②] 党的十七大报告首次提出

---

① 胡锦涛：《在新进中央委员会的委员、候补委员学习贯彻党的十七大建设研讨班上的讲话》（2007年12月17日），中共中央文献研究室编：《科学发展观重要论述摘编》，第45页。

② 胡锦涛：《在新进中央委员会的委员、候补委员学习贯彻党的十七大建设研讨班上的讲话》（2007年12月17日），中共中央文献研究室编：《科学发展观重要论述摘编》，第45页。

要建设生态文明，并将其作为一项战略任务和全面建设小康社会的目标确定下来。这充分显示了党和国家生态建设理念的进一步升华，标志着我国生态建设和环境保护工作进入了一个新的历史阶段。建设生态文明是一个重要的治国理念。它的提出反映了共产党人一个基本的价值观，同时也意味着对科学发展观的认识和贯彻又上了一个新的高度。

生态文明作为"四个文明"的现代化建设内容之一被置于"五位一体"的中国特色社会主义总体布局之中，是党在十七大之后推进生态文明建设的重要步骤。继党的十七大后，2007年12月3日至5日在北京举行的中央经济工作会议再次强调，必须坚持节约资源、保护环境，把推进现代化与建设生态文明有机统一起来。这标志着党在着力建设的物质文明、精神文明、政治文明三大文明的基础上，将生态文明确定为社会主义现代化建设的"第四文明"，放到与物质文明、精神文明、政治文明建设同等重要的位置和高度来建设。胡锦涛同志更进一步将生态文明建设明确为中国特色社会主义事业总体布局之一。他说"我们要深入贯彻落实科学发展观，全面推进社会主义经济建设、政治建设、文化建设、社会建设以及生态文明建设，更好推进改革开放和社会主义现代化建设"[①]。2008年9月19日，胡锦涛在全党深入学习实践科学发展观活动动员大会暨省部级主要领导干部专题研讨班开班式上正式将生态文明建设与"社会主义经济建设、政治 建设、文化建设、社会

[①] 胡锦涛：《在纪念中国科协成立50周年大会上的讲话》（2008年12月15日），《人民日报》2008年12月16日。

建设"并列提出。2009年1月23日，中共中央召开会议，听取中央政治局常委参加深入学习实践科学发展观活动专题民主生活会情况的通报。会议再次将生态文明建设与"社会主义经济建设、政治建设、文化建设、社会建设"并列提出。这标志着这一重大战略思想在我党高层已达成广泛共识。"生态文明建设"是继经济建设、政治建设、文化建设、社会建设之后的第五大建设，进而使"四位一体"建设演进到了"五位一体"建设的总体布局。把生态文明建设放在这样的高度，在党的历史上还是第一次，反映了我们党建设中国特色社会主义现代化理论的创新成果。

2012年7月23日，胡锦涛在省部级主要领导干部专题研讨班开班式上做了重要讲话，指出，推进生态文明建设，是涉及生产方式和生活方式根本性变革的战略任务。这个提法，明显地将生态文明从前面的"现代化战略的突出位置"提高到"战略任务"，这是一个全新的高度，为我国将来的经济社会发展提出了一个价值判断上的目标要求。同时，胡锦涛在讲话中还要求要把"生态文明建设的理念、原则、目标等深刻融入和全面贯穿到我国经济、政治、文化、社会建设的各方面和全过程"，这可以说是更突出了生态文明建设相较于四大建设的重要性，也进一步突出了生态文明建设对其他四大建设的保障性作用。总之，一个"战略任务"，一个"保障作用"，胡锦涛的重要讲话把生态文明建设提到了前所未有的高度。

在党对生态文明建设的高度重视下，我国建设生态文明的手段也发生了显著变化。比如，过去的经济手段主要是采用微观经济领域的引导或者规范，而这一时期，中共中央直接采用了经济的宏观手段，直接在经济发展的衡量指标中注入了生态的评价体系。2004年3月的中央人口资源环境工作座谈会就提出"要研究绿色国民经济核算方法，探索将发展过程中的资源消耗、环境损失和环境效益纳入经济发展水平的评价体系，建立和维护人与自然相对平衡的关系。"[①] 和过去进行排污收费的末尾治理不同，这个时期的污染治理更加注重生产之前和生产过程中的治理。2005年10月，中央提出要下大力气发展循环经济和清洁生产，用经济的宏观手段调节能源消费结构，促进循环经济产业的发展。中央指出，在发展循环经济产业的过程中要"坚持开发节约并重、节约优先，按照减量化、再利用、资源化的原则，大力推进节能节水节地节材，加强资源综合利用，完善再生资源回收利用体系，全面推行清洁生产，形成低投入、低消耗、低排放和高效率的节约型增长方式。"[②] 2008年，党在生态文明建设实践中进一步发挥宏观经济手段，推动实施了包括绿色信贷、绿色保险、绿色贸易、绿色税收等在内的一系列宏观环境经济政策，减轻了经济增长的环境代价。这标志着这一时期建设生态文明的宏观经济手段已经完全贯彻于生产的整个过程，具有明显的产业生态化的发展导向。

2009年，美国次贷危机引起的金融危机渐渐演变成为全球性的经济危机。这场经济危机对各国经济发展产生了深刻

[①] 胡锦涛：《在中央人口资源环境工作座谈会上的讲话》（2004年3月），《十六大以来重要文献选编》（上），第853页。

[②] 《中共中央关于制定国民经济和社会发展第十一个五年规划的建议》（2005年10月11日），《十六大以来重要文献选编》（中），第1072—1073页。

的影响。包括美国在内的西方发达国家开始寻求摆脱经济危机的突破点和新经济发展契机。实现经济的绿色复苏成为各国的共识。各国分别在新能源和绿色经济上加大投资，谋求在进一轮经济转型中拔得头筹，实现"弯道超车"。继四万亿元投资刺激计划和十大产业调整振兴计划之后，2010年9月8日，国务院常务会议审议并原则通过《国务院关于加快培育和发展战略性新兴产业的决定》，确定了战略性新兴产业发展的重点方向、主要任务和扶持政策，选择节能环保、新一代信息技术、生物、高端装备制造、新能源、新材料和新能源汽车七个产业，在重点领域集中力量，加快推进，明确地提出了依靠绿色经济实现经济复苏的振兴战略。①

　　在法律手段上也有新的变化。过去的法律手段只规范企业等生产单位，而对于政府的宏观规划却没有制约。2003年9月1日正式实施的《环境影响评价法》将环境评价范围从建设项目扩大到政府规划，为政府规划要先进行环境评价提供了法律依据。这明显扩大了生态环保法律所约束的范围。为动员全社会积极参与节能减排和应对气候变化工作，形成以政府为主导、企业为主体、全社会共同推进的节能减排工作格局，2006年3月18日开始实施的《环境影响评价公众参与暂行办法》，这是我国第一部推进公众参与环境保护的部门规章。2008年5月1日开始实施的《环境信息公开办法（试行）》是落实《政府信息公开条例》的第一个部门规章，保障了公众对环境的知情权、参与权和监督权，促进政府环保决策更加公开化、

---

① 人民网，http://finance.people.com.cn/GB/18033281.html。

民主化、科学化。2009年1月1日起实行的《循环经济促进法》，为发展循环经济提供了法律保障和支持。2011年10月29日，民诉法修正案中增加了一条："对污染环境、侵害众多消费者合法权益等损害社会公共利益的行为，有关机关、社会团体可以向人民法院提起诉讼。"这样，凡涉及生态环境与保护的公共事件，公民或者社会团体就可以"公共利害关系人"提起公诉，即公益诉讼。这为民间环境保护提供了更为广泛的法律支持，推进了全民支持和参与生态环境保护。[①]

在成功应对金融危机的过程中，危机的倒逼机制更加促进了我国生态文明建设。首先是进一步加强生态文明建设的组织建设，完善环保组织体系。2008年3月，为加大环境政策、规划和重大问题的统筹协调力度，十一届全国人大一次会议决定组建环境保护部。中华人民共和国环境保护部的成立为生态文明建设提供了更为有力的组织保障。在国务院机构改革中，环境保护部是唯一从直属机构调整为国务院组成部门的机构，充分体现了党和国家对环境保护的高度重视。2008年7月11日，国务院办公厅首批印发了《环境保护部主要职责内设机构和人员编制规定》。新"三定"强化了环保组织部门的职能配置，进一步理顺了部门职责分工，突出了统筹协调、宏观调控、监督执法和公共服务职能，进一步提高了环保组织部门的行政能力。

生态文明建设的制度体系进一步得到完善。这些制度体

---

① 中国人大网，http://www.npc.gov.cn/npc/xinwen/syxw/2011-10/29/content_1678367.htm。

系包括：一是生态环境建设的预防和处理体制。2005年中国政府制定了《国家突发环境事件应急预案》，对突发环境事件信息接收、报告、处理、统计分析，以及预警信息监控、信息发布等提出明确要求。二是公民参与生态文明建设的保障机制。2006年的《环境影响评价公众参与暂行办法》，详细规定公众参与环境影响评价的范围、程序、组织形式等内容。为民间组织和环保志愿者参与生态环境保护提供了官方支持。三是建立国家和地方环境保护标准体系。国家环境保护标准包括国家环境质量标准、国家污染物排放（控制）标准、国家环境标准样品标准及其他国家环境保护标准；地方环境保护标准包括地方环境质量标准和地方污染物排放标准。2010年，截至"十一五"末，国家共颁布了1494项国家环境保护标准。①

环境污染治理取得历史性进展。随着节能减排工程的实施，我国的工业污染防治战略目前正在发生重大变化，逐步从末端治理向源头和全过程控制转变，从浓度控制向总量和浓度控制相结合转变，从点源治理向流域和区域综合治理转变，从简单的企业治理向调整产业结构、清洁生产和发展循环经济转变。与1990年相比，2004年全国每万元人民币GDP能耗下降45%，累计节约和少用能源7亿吨标准煤；火电供电煤耗、吨钢可比能耗、水泥综合能耗分别降低11.2%、29.6%和21.9%。污染减排取得突破性进展。2008年，工程减排、结构减排和监管减排三大措施稳步发挥效益，两项指标呈现较大

---

① 电话访问中国环境标准所所长武雪芳。

幅度下降。同年，化学需氧量和二氧化硫排放量比上年分别下降4.42%和5.95%，比2005年分别下降6.61%和8.95%，首次实现了任务完成进度赶上时间进度，为全面完成"十一五"减排目标打下了坚实基础。[①]

自然生态环境建设成绩更加突出。这一时期，党和政府确立以生态建设为主的林业发展指导方针，开展大规模植树造林，加强森林资源管理，启动森林生态效益补偿制度，营造林面积自2002年以来连续四年超过667万公顷。近年来，森林面积和森林蓄积量迅速增加，林龄结构、林相结构趋于合理，森林质量趋于提高，实现了由持续下降到逐步上升的历史性转折。目前，全国森林面积达1.75亿公顷，森林覆盖率达18.21%，森林蓄积量达124.56亿立方米。[②] 截至2008年底，全国已建立各种类型、不同级别的自然保护区2538个，保护区总面积约14894.3万公顷；全国已建立湿地自然保护区550多处，国家湿地公园达到38处，共有36块湿地列入《湿地公约》的国际重要湿地名录，全国共有1790多万公顷自然湿地得到有效保护，约占总面积的49%。[③] 继续开展全国生物物种资源重点调查项目，修改完善"全国生物物种资源重点调查项目调查规范"。

更令人欣慰的是：2008年，环保部门提出了"以人为本、科学发展、环境安全、生态文明"的战略思想，以及"预防为

① 《2008年中国环境保护公报》（2009年6月4日公布），中华人民共和国环境保护部官方网站。
② 《中国的环境保护（1996—2005）》，中华人民共和国环境保护部官方网站。
③ 《2008年中国环境保护公报》（2009年6月4日公布），中华人民共和国环境保护部官方网站。

主，防治并重；系统管理，综合整治；民生为本，分级推进；政府主导，公众参与"的战略方针，并提出了一系列政策建议，为完善环境管理机制，理清"十二五"环保工作思路，积极建设生态文明提供了支撑。这标志着我国环境保护和生态文明建设宏观战略已基本形成。

第三节　展望中的挑战和机遇

回顾我国生态文明建设的历史，我们取得了丰硕的成果，形成了许多有益的经验和做法。分析我们现在所面临的生态环境保护问题，我们也不得不承认："问题不少，挑战不小"。但是，展望未来，特别是立足于党和国家对经济社会发展的总体设计，我们也可以乐观地说："奋蹄直追，前途光明"。

从发展的前景看，我国的资源承载空间日趋狭窄，资源约束日趋紧张。首先是耕地规模下降已经接近红线。从发展现状看，能源支撑能力日益弱化，能源约束日趋紧张。20世纪90年代以来，我国能源需求总量开始超过生产总量，供需缺口呈不断扩大趋势。部分能源进口依存度① 不断提高。2009年，石油进口依存度逐年提高，现已提高到52%，突破50%的国际警戒线。从发展代价看，环境承载力严重下降，污染排放空间约束日渐紧张。从发展成本看，生态损失逐渐上升，可持续经济发展成本约束加大。

从发展的国际环境看，国际生态资源争夺、环境贸易壁垒

---

① 进口依存度即净进口量占消费量的比重。

和新兴产业竞争逐渐增加，出口贸易和国家生态安全约束趋紧。自2008年美国次贷危机爆发以来，加上2012年欧债危机的持续发酵，各国为了寻求新的能源和经济增长点，围绕国家边界开发、海域生态资源进行的争夺不断升级。比如，2010年日本挑起的钓鱼岛争端、2012年菲律宾挑起的黄岩岛争端等等。为实现经济的可持续发展，特别是谋求在新一轮的经济危机中实现"弯道超车"，各国都对涉及新能源和循环经济的产品和技术进行大力推动，扩大自己在这些领域的世界市场份额。因此，在这领域内的贸易摩擦也逐步增多。比如，2012年5月，美国就对我国处于世界领先地位的光伏发电产品出口实施300%的惩罚性关税。总之，随着国际金融危机影响深远，世界经济增长速度减缓，全球需求结构出现明显变化，围绕市场、资源、人才、技术、标准等的竞争更加激烈，气候变化以及能源资源安全、粮食安全等全球性问题更加突出，各种形式的保护主义抬头，我国发展的外部环境更趋复杂。

尽管我国的生态文明建设面临许多的挑战，但是只要正确处理好经济发展和生态建设的关系，找到两者互惠互利的契合点，这些挑战就能转化为现实的发展机遇和未来的乐观前景。

我国生态文明建设处于一个重大的发展机遇期。如前所述，近几年全球经济局部危机频发，整体低迷，各国都处在传统经济发展的困局中，受到了生态资源的约束。压力就是动力，所以包括我国在内的世界各国都在抓住变革经济发展方式的历史性机遇，需求绿色经济的发展突破点。我国面临的上述挑战越大，我们转变经济发展方式的要求就越迫切，生态文明建设的历史机遇就越明显。继党的十七大报告和"十一五"规划之后，"十二五"规划提出，今后五年，要确保科学发展取得新的显著进步，确保转变经济发展方式取得实质性进展。坚持把建设资源节约型、环境友好型社会作为加快转变经济发展方式的重要着力点。深入贯彻节约资源和保护环境基本国策，节约能源，降低温室气体排放强度，发展循环经济，推广低碳技术，积极应对全球气候变化，促进经济社会发展与人口资源环境相协调，走可持续发展之路。

和原来的以中央政策推动不同，"十二五"期间生态文明已从哲学概念转变为经济社会领域的一项战略任务，在省域层面取得广泛共识，意味着我国的生态文明建设获得了实践层面的落脚点。在"十二五"规划中，我国31个省(区、市)中将生态文明建设明确写入规划的有26个，把"推进生态文明建设"、"加快生态文明建设"、"提高生态文明水平"等写入指导思想的有6个，写入发展原则和目标的有13个，以"生态文明建设"为题进行专篇(章)规划的有10个。大多数省区明确提出未来五年生态文明建设的思路和重点，强调以生态文明的理念指导新型工业化、新型城镇化和农业现代化，普遍将积极应对全球气候变化、加强生态建设、加强资源节约和管理、大力发展循环经济、加大环境保护力度和建立防灾减灾体系等作为"十二五"时期生态文明建设的主要内容。这为生态文明建设提供了行政上的有力支撑。

具体来看，我国的产业状态、能源状况虽然起点较低，但同时转变经济发展方式和建设生态文明的机会成本也相对较低。比如，节能减排空间较大。我国的能源使用效率仅达到世界平均水平的一半，与能源使用效率最高的国家——日本相比，我国仅是日本能源使用效率的1/6。能源使用率提升的空间还很大。从能源使用的结构上来看，主要集中在工业领域，节能减排也主要集中在工业领域。能源替换的机会成本较低。再有，就是能源资源丰富。为了实现2050年二氧化碳排放与目前基本相等，除了提升能源效率、改变产业结构之外，大力发展新能源是必须之举。未来太阳能、风能都将出现跨越式的增长。而我国太阳能、风能等资源十分丰富，技术水平也较高。这将成为进一步推进生态文明建设的现实条件。

展望未来，我国的生态文明建设将有更辉煌的蓝图。在和生态文明相关联的产业中，林业的发展也为我国的生态文明建设提供了较好是机会。2009年9月，在联合国气候变化峰会上，胡锦涛总书记提出，到2020年，我国森林面积比2005年增加4000万公顷，森林蓄积量增加13亿立方米，这是当前我国林业发展新的奋斗目标，也为我国的生态文明建设设计了广阔的前景。2012年5月30日，国务院常务会议讨论通过了《"十二五"国家战略性新兴产业发展规划》，对节能环保、新一代信息技术、高端装备制造等七大产业"十二五"期间的发展作出总体部署。按照战略性新兴产业发展目标 "三步走"的思路，到2015年，战略性新兴产业形成健康发展、协调推进的基本格局，对产业结构升级的作用显著增强，增加值占国内生产总值的比重力争达到8%左右；到2020年，战略性新兴产业增加值占国内生产总值的比重力争达到15%左右，吸纳、带动就业能力显著提高。节能环保、新一代信息技术、生物、高端装备制造产业成为国民经济的支柱产业，新能源、新材料、新能源汽车成为国民经济的先导产业；到2030年前后，战略性新兴产业的整体创新能力和产业发展水平达到世界先进水平，为经济社会可持续发展提供强有力的支撑。这些产业的成熟将极大地促进我国的生态文明建设，给生态文明建设前所未有的发展机遇。

第二章　倒逼机制：从生产到消费的绿化

　　党的十六大以来，为了破解资源和环境对经济发展的双重瓶颈，党在科学发展观的指导下，提出了转变经济发展方式和建设生态文明的战略，谋求在转变经济发展方式中用经济手段建设生态文明，用生态文明的价值目标促进经济发展方式的转变，实现从生产到消费的全面绿化和生态化。这一时期，在经济发展的总体把握上，除了延续采用微观经济领域的引导或者规范外，党中央和国务院直接在经济发展的宏观衡量指标中注入生态环境的评价体系和价值导向。比如，对经济结构进行有生态化取向的调整，推出绿色国民经济核算体系和方法，构建成熟环保产业体系，大力发展节能减排、循环经济和清洁生产，加强新农村建设中的循环农业和生态环境建设等。同时，在生态文明建设实践中进一步发挥宏观经济手段的作用，推动实施了包括绿色信贷、绿色保险、绿色贸易、绿色税收等在内的一系列宏观环境经济政策，减轻了经济增长的环境代价2008年国际金融危机爆发后，实现经济的绿色复苏成为各国摆脱经济危机的突破点和发展经济的新契机。党中央抓住金融危机的倒逼机制，在新能源和绿色经济上加大投资，谋求在进一轮经济转型中拔得头筹，实现"弯道超车"，

提出依靠绿色经济实现经济复苏的振兴战略，努力实现经济
发展和生态文明建设的双赢。

第一节　转变经济发展方式和经济结构调整

　　进入新世纪后，我国经济发展很快，但是经济发展中的深
层次问题仍然存在，经济发展方式比较粗放还没有得到本质
上的改变。特别是在金融危机的冲击下，粗放发展所带来的环
境污染和资源瓶颈尤为凸显，其本身的存在也难以为继。为
此，党开始寻求经济发展方式的转变，进行了产业结构的生态
化调整，推进绿色产业的发展。这些主观上为经济发展的措
施，在客观上也促进了生态文明建设。

从"又快又好"到"又好又快"

　　在科学发展观指导下，党中央把转变经济增长方式与解
决发展中的突出矛盾和问题结合起来，努力实现全面协调可
持续发展，积极寻求社会经济又快又好地发展。到2006年，我
国的经济总量已跃居世界第四；到2010年，已跃居世界第二。
但是，在这个过程中，我国经济发展还是依靠"高投入，高消
耗，高污染"的粗放方式得来的。

　　2004年，党的十六届四中全会明确指出我国经济发展中
的两个突出问题：一是过度消耗能源资源，二是严重污染生态
环境。这两个问题不仅是实现经济快速发展的瓶颈，而且也是
生态文明建设必须解决的问题。同年底的中央经济工作会议
指出："这些年来，我们实现了较快增长，但也不可避免地付出

了消耗资源和增加污染的较大代价，在某些方面已经超出我们的承受能力。"为此，胡锦涛在讲话中把转变经济增长方式放在四个刻不容缓的问题之首，还提出，"调整经济结构和转变经济增长方式是缓解人口资源环境压力的根本途径"，强调"我们必须清醒地认识到调整经济结构和转变经济增长方式对缓解人口资源环境压力、实现全面协调可持续发展的极端重要性，真正把做好工作的着力点放到调整经济结构和转变经济增长方式上来"。2006年底，中央召开经济工作会议。会议将资源环境作为三个会议主题之一，将过去国民经济"又快又好"发展调整为"又好又快"，强调"好"字优先，坚持以节约能源资源和保护生态环境为切入点，积极促进产业结构优化升级，从重视经济的增速到重视经济发展的效益，努力做到人口、资源和环境相协调。

2007年6月，胡锦涛在中央党校的重要讲话中明确提出转变经济发展方式："实现国民经济又好又快发展，关键要在转变经济发展方式、完善社会主义市场经济体制方面取得重大新进展。"同年召开的十七大提出，实现未来经济展目标、促进国民经济又好又快发展，关键要在加快转变经济发展方式上取得重大进展。会议还进一步明确了转变经济发展方式的基本思路和总体要求，指出加快转变经济发展方式，就是要着眼于实现又好又快发展，着眼于抓紧解决我国发展面临的突出矛盾和问题。转变经济发展方式是我们党在科学发展观指导下，对"实现什么样的发展、怎样发展"这一重大理论和实践问题的回答，是在总结科学发展经验、把握发展规律的基础上作出的新概括和认识上的新飞跃。

为了解决党的十六届四中全会提出的两个问题，在科学发展观指导下，党在推动经济发展方式转变的过程中特别注意在转变方式中谋求生态文明建设，在生态文明建设中促进经济发展方式的转变。2007年底的中央经济工作会议明确提出将必须坚持节约资源、保护环境，把推进现代化与建设生态文明有机统一起来，把建设资源节约型、环境友好型社会放在工业化、现代化发展战略的突出位置。2008年2月召开的十七届二中全会要求在转变经济发展方式过程中，要努力做到人口、资源、环境相协调，突出强调了转变经济发展方式中的生态文明建设的重要性。2008年4月，中共中央政治局举行第5次集体学习。学习中，中央还提出将"切实调整优化产业结构和切实加强生态文明建设"作为推动经济发展方式转变五个方面工作重点之一。

2008年下半年以来，由美国次贷危机引发的波及全球的国际金融危机对世界和我国经济造成重大冲击和影响。面对这场上世纪30年代以来最严重的金融危机，以胡锦涛为总书记的党中央，在积极应对金融危机，保持经济增长的同时，也特别注意到经济危机的倒逼机制，指出：当前国内外经济环境出现的各种变化，既带来诸多挑战也为加快转变经济发展方式提供了机遇。越是在加大力度保增长的时候，越要重视质量和效益，加快发展方式转变，把实现保增长的目标建立在提高质量、优化结构、增加效益、降低消耗、保护环境的基础之上，实现既保持增长又提高质量的双重目标。

随着应对国际金融危机冲击的一揽子计划和政策措施的充实完善和全面落实，2009年，经济增长明显下滑的趋势已基本得到扭转，经济形势总体企稳向好。但同年9月召开的十七届四中全会仍然强调要更加注重推进结构调整，更加注重加强节能环保。总之，党中央坚持把保增长和加快经济发展方式转变结合起来，在全球率先实现经济形势总体回升向好，同时也取得了结构调整、发展方式转变和生态文明建设三方面的新成效，为在后国际金融危机时代实现经济社会又好又快发展创造了条件。

2010年2月，中共中央举办省部级主要领导干部深入贯彻落实科学发展观转变经济发展方式专题研讨班。胡锦涛在研讨班上讲话，指出：转变经济发展方式才能突破资源环境对经济发展的瓶颈制约，才能满足人民新期待新要求，才能在后国际金融危机时代的国际竞争中赢得主动。他还将加快推进经济结构调整、加快推进产业结构调整、加快推进农业发展方式转变和加快推进生态文明建设作为推进经济发展方式转变的几个重要工作部署。2011年1月9日，十七届中央纪委第六次全会明确提出，要紧紧围绕加快转变经济发展方式这条主线开展监督检查。经中央批准，中央纪委牵头成立了中央加快转变经济发展方式监督检查领导小组，负责监督检查工作的组织协调和督促指导。2011年4月，中央加快转变经济发展方式监督检查工作领导小组召开会议，印发《关于开展加快转变经济发展方式监督检查的意见》，对监督检查工作作出安排。5月以后，监督检查工作全面部署和开展，有力地推动了经济发展方式加快转变。

十六大以来，党中央转变经济增长方式思想逐步发展和丰富，十七大实现了新的突破，正式提出了转变经济发展方式的思想。在应对国际金融危机的过程中，这一思想得到了进一步丰富和完善。随着这一重大战略思想的深入贯彻和落实，我国经济社会发展特别是我国的生态文明建设将会获得一个历史性的机遇，而生态文明建设反过来又将会更好地促进经济社会又好又快发展。

经济结构调整向绿色倾斜

经济结构涵盖产业结构、市场结构、技术结构、就业结构、所有制结构、投资结构、消费结构、城乡结构和生产要素结构等各方面。长期以来，我国投资结构和生产要素投入结构失衡，主要表现在投资集中在"两高一资"[①]领域，生产要素中资源消耗偏高，从而导致环境压力加大，资源环境的约束日益突出，科技创新能力不足，在国际分工中处于制造业链条的中低端。比如，我国铁矿石、钢铁、有色金属、石油、煤炭等主要资源性产品的单位生产资源消耗明显高于发达国家水平，部分主要工业品的单位产品能耗比世界先进水平高10%—50%。同时，水资源和土地资源消耗也很大，付出的生态环境代价巨大。经济发展与资源环境的矛盾，成为我国现代化建设中需要长期面对的重大挑战。为了积极应对这个挑战，从上世纪80年代开始，党中央就开始了对经济结构进行调整。十六大以来，我国的经济总量逐步提升，但是资源约束和环境污染也日益严重，对经济发展形成了严重的瓶颈。为此，党中央在转变经济

---

① 在产业经济、商品贸易等领域开始将"高耗能、高污染和资源性"称为"两高一资"。

发展方式的过程中，着力进行经济结构的调整，特别是对投资结构和生产要素结构进行了具有绿色倾斜的调整。

十六大以来，中央宏观调控的重点集中在下面三个领域：一是调整产业结构，努力控制钢铁、煤炭、水泥等高耗能、高污染和资源性产业盲目发展；二是抑制房地产投资，控制房价过快上涨；三是严抓节能减排，保护资源和环境。2004年2月4日，国务院召开严格控制部分行业过度投资电视电话会议，对高耗能高污染的行业进行严控投资工作部署。2005年，中央为推进经济增长方式转变，突出抓了能源资源节约和环境保护，提出了建设资源节约型社会、发展循环经济、淘汰落后产能的任务和政策措施。2006年，中央推动产能过剩行业结构调整力度加大，陆续出台了钢铁、煤炭、水泥等11个行业结构调整的政策措施。9月，发展改革委员会宣布禁止对电解铝、水泥、钢铁等8个高耗能行业实行优惠电价。同时，相关部门按照中央要求，抑制高耗能、高污染和资源性产品出口，停止了部分产品的加工贸易，取消或降低了一些产品的出口退税，对部分产品加征出口关税。

2007年4月，为落实中央关于加快转变经济发展方式的要求，国务院召开钢铁工业关停和淘汰落后产能工作会议，同时启动第一次全国污染源普查工作。5月，针对高耗能产业再度反弹的严峻局面，发展改革委员会、财政部等8部门开展全国性清理高污染高耗能行业的专项大检查，检查各地落实高耗能高污染行业调控政策情况。6月，为进一步控制高耗能、高污染和资源性产品出口相关财税部门开始调整部分商品进出口关税税率，对142项商品加征出口关税，其中对80多种钢铁产品进一步加征5%至10%的出口关税，对部分铁合金的出口关税由过去的5%至10%提高到10%至15%，从7月1日起一次性取消553项"两高一资"产品的出口退税等。调控力度之大前所未有。

2008年，国际金融危机对我国的影响越来越严重，人口红利下降和资源约束增加的问题越来越突出。11月，国务院常务会议决定，进一步借助金融危机的倒逼机制，加快经济结构的调整，加快生态环境建设。会议决定，从到2010年底投资的4万亿元中划出近9%（3000多亿元）用于节能减排和生态环境建设。

通过不断进行投资结构和生产要素结构的调整，"十一五"时期，随着兼并重组、淘汰落后产能力度加大，工业整体素质和绿色发展能力明显提高。"十一五"期间全国共淘汰落后炼铁产能1.1亿吨，炼钢6800多万吨，水泥3.3亿吨，焦炭1亿吨，造纸1030万吨，玻璃3800万重量箱，占全部落后产能的50%左右。产品结构不断优化升级。如宝钢、武钢自主研发的高磁感取向硅钢已基本替代进口，2009年新型干法水泥占全部水泥产能的比重达76.9%，比2005年提高36个百分点。这为我国的经济绿色发展和生态文明建设作出了贡献，起到了很好的示范作用。

绿色产业异军突起

早在1990年，《国务院办公厅转发国务院环境保护委员会关于积极发展环境保护产业若干意见的通知》中，国家就要求各地政府要制订鼓励和优惠政策，大力发展环境保护产业，对生产性能先进可靠、经济高效的环境保护产品的企业，在固定资产投资等方面优先予以扶持，促进环境保护产业形成规模。

十六大以来，为节约资源和保护环境，实现可持续的发展目标，党中央和国务院始终积极推进产业结构调整，将降低传统产业单位能耗与污染和促进战略新兴产业发展作为产业结构调整的两个主要方向。在这个主要方向的影响下，在大力推进战略新兴产业发展的过程中，我国的绿色环保产业获得了前所未有的发展机遇。比如，新能源、生物经济、创意产业、环保等涉及绿色经济领域的产业在我国已形成一定基础，甚至在部分产业已挤入世界相关领域的前列。

2008年以后，随着全球经济危机和供给冲击的影响，依靠人口红利、土地成本、能源成本和生态环境成本形成的所谓"投资成本洼地"效应逐步减弱，"低要素成本"时代一去不返。这意味着过分依赖增加劳动、资源和资本等生产要素投入的增长方式已经难以持续。我国需要通过产业结构升级，推进新兴产业发展，寻求能够实现跨越性发展的制高点。否则在世界经济全面复苏后，我们也只能继续跟在发达国家后面"跑龙套"。

后危机时代，全球经济都酝酿着经济结构的调整与产业结构的升级。发展战略性新兴产业和谋求绿色经济发展已成为世界主要国家经济复苏和抢占新一轮经济发展制高点的重大战略。为把握后危机时代的发展主动权和战略制高点，我国也着力通过技术创新、产品优化、淘汰落后产能等方式，在努力遵循国际标准的基础上，大力构建生态化、低碳化的产业体系。经过多年的发展，我国环保产业已初具规模，基本形成涵盖环保产品、环境服务、洁净产品、废物循环利用和自然生态保护等领域的产业体系。据初步测算，2008年全国环保产业收入总额已超过8400亿元，从业人员约300万人，已经基本完成产业化的初级阶段。

除了环保产业自身的发展，积极推进其他产业的绿色化也是环保产业衍生发展的重要步骤。2010年9月14日，为加快实施绿色印刷战略，促进我国印刷产业发展方式转变，环境保护部和新闻出版总署在京举行了"实施绿色印刷战略合作协议签约仪式"。2010年，包含战略新兴产业在内的高新技术产业增长16.6%，增速比2009年加快了8.9个百分点。截至2010年年底，全国环保业产值超过1万亿元，占GDP的比重为2%—3%。预测"十二五"期末，全国环保业产值将达2万亿元以上。但与发达国家相比，我国的新兴产业，特别是环保产业发展总体上尚不能完全满足环境管理、节能减排和成为新经济增长点的需要。战略新兴产业和环保产业的培育和发展还需要进一步推动。

2010年10月10日，国务院作出《关于加快培育和发展战略性新兴产业的决定》，明确了现阶段我国重点培育和发展的战略新兴产业包括节能环保、新一代信息技术、生物、高端装备制造、新能源、新材料、新能源汽车等七大产业，提出：到2015年，战略性新兴产业增加值占国内生产总值的比重力争达到8%左右；到2020年，增加值占国内生产总值的比重力争达到15%左右的发展目标，节能环保、新一代信息技术、生物、高端装备制造产业成为国民经济的支柱产业，新能源、新材料、新能源汽车产业成为国民经济的先导产业。

为落实上述目标，2012年5月30日，国务院通过《"十二五"

国家战略性新兴产业发展规划》，提出了七大战略性新兴产业的重点发展方向和主要任务，要求：节能环保产业要加快形成支柱产业；生物产业要面向人民健康、农业发展、资源环境保护等重大需求，加快构建现代生物产业体系；高端装备制造产业要智能化、精密化、绿色化发展；新能源产业要推进可再生能源技术产业化等。

总之，"十二五"期间，我国将在推动传统产业转型升级的同时，加大对以环保产业为首的战略新兴产业培育，抓好新的经济增长点，依托成为国民经济支柱的战略性新兴产业支撑和引领经济社会的可持续发展。

第二节　节能减排和循环经济

如前所述，十六大以来，我国的经济快速增长。但是，这种经济增长是靠比较粗放的生产方式取得的。长期以来，这种粗放的生产方式在能源问题上常常导致两种结果：一方面是节能减排的空间比较大；另一方面，要求能源成本不能大幅度增加。而大规模发展清洁能源的能源替代策略相比较于我国现有的能源结构来说，将会大幅提高能源成本。所以，发展节能减排和循环经济在我国具有明显的比较优势和可行性。

从节能减排到低碳经济

我国目前人均石油消费还很低，2008年中国人均年石油消费为283公斤，世界人均为587公斤，美国则达2.91吨，日本也有1.74吨。石油需求仍然处于高速增长阶段，2009年中国石油消费接近4.1亿吨。根据国务院发展研究中心预测，中国2010年仅汽车将消耗石油1.38亿吨，2020年将达2.56亿吨，约占石油总消耗量43%和67%。但是，2009年中国石油对外依存度已接近52%，如果按照目前的需求增长速度，估计2015年石油依存度可能达到65%，超过目前美国的石油对外依存度。由于国内石油产能的限制，中国的石油进口依存只能是越来越高，而且升高的速度很快，直接威胁中国能源安全。

　　为了保证能源安全，减少对环境的污染排放，促进社会和谐，在能源结构既定和改变能源结构机会成本情况下，中央作出了节能减排，发展低碳经济的决策。

　　低碳经济是指以低能耗、低污染、低排放为基础，对能源依赖度较小、温室气体排放较低的一种经济发展方式或模式。走低碳发展道路，既是应对全球气候变化的根本途径，也是可持续发展的内在需求。早在1998年，国家就颁布实施了《节约能源法》，但有法不依，执法不严的现象严重，配套法规不完善，操作性上有待改进。2003年，中央在宏观调控中，就将节能减排作为重点主抓的三项工作之一。2004年，国家发改委启动《节能中长期专项规划》，提出了十大重点节能工程和"十一五"期间将实现节约 2.4亿吨标准煤的节能目标。2005年，国家发展改革委员会、科技部会同水利部、建设部和农业部发布了《中国节水技术政策大纲》。2006年以来，节能减排工作得到进一步加强，国务院发布了加强节能工作的决定，制定了促进节能减排的一系列政策措施，各地区、各部门相继做出了工作部署。

　　为切实加强对应对气候变化和节能减排工作的领导，

2007年6月，国务院决定成立以国务院总理温家宝为组长的国家应对气候变化及节能减排工作领导小组。7月11日，温家宝主持召开国务院常务会议，研究部署当前节能减排和应对气候变化工作。会议审议同意《2007年各部门节能减排工作安排》、《2007年各部门应对气候变化工作安排》、《单位GDP能耗统计指标体系监测体系和考核体系实施方案》。同年10月28日，《中华人民共和国节约能源法》修订通过，规定要在从能源生产到消费的各个环节，降低消耗、减少损失和污染物排放、制止浪费，有效、合理地利用能源，提出把节约放在首位的能源发展战略，要求国务院和县级以上地方各级人民政府应当将节能工作纳入国民经济和社会发展规划。

2008年，全国开展了主要污染物总量减排核查核算。2009年上半年，全国化学需氧量排放总量657.6万吨，与2008年同期相比下降2.46%；二氧化硫排放总量1147.8万吨，与2008年同期相比下降5.40%，污染减排继续保持双下降的良好态势。同年12月召开的中央经济工作会议继续要求要严格控制对高耗能、高排放行业和产能过剩行业的贷款，强化节能减排目标责任制，加强节能减排重点工程建设，开展低碳经济试点，努力控制温室气体排放，加强生态保护和环境治理。

2010年5月5日，国务院召开全国节能减排工作电视电话会议，动员和部署加强节能减排工作。会议要求切实把节能减排作为加强宏观调控、调整经济结构、转变发展方式的重要任务，确保实现"十一五"节能减排目标。同一天，国务院公布《关于进一步加大工作力度确保实现"十一五"节能减排目标的通知》，提出我国将从14个方面进一步加大节能减排工作力度，确保"十一五"实现单位国内生产总值能耗降低20%左右的目标。

2011年7月，国家应对气候变化及节能减排工作领导小组会议召开，审议并原则同意"十二五"节能减排综合性工作方案，以及节能目标分解方案、主要污染物排放总量控制计划，强调，"十二五"期间仍要继续把节能减排作为调结构、扩内需、促发展的重要抓手。8月30日，国务院下发《"十二五"节能减排综合性工作方案》，对"十二五"节能减排工作全面动员和部署，提出到2015年，全国万元国内生产总值能耗比2010年下降16%；全国化学需氧量和二氧化硫排放总量分别比2010年下降8%的目标。

总之，"十一五"时期，节能减排工作力度明显加大，"十一五"规划确定的能源消费和污染物排放等相关约束性目标基本如期实现，节能降耗工作进展顺利，单位国内生产总值能耗大幅下降。2006年至2010年，我国单位国内生产总值能耗累计下降19.06%，基本完成"十一五"节能降耗目标。五年间，规模以上工业中，六大高耗能行业平均增长14.0%。污染物排放总量逐步得到控制。据初步测算，2010年全国化学需氧量排放量比2005年下降12%左右，二氧化硫下降14%左右，双双超额完成"十一五"规划确定的减排任务，扭转了"十五"后期单位国内生产总值能耗和主要污染物排放总量大幅上升的趋势，为实现"十二五"节能减排目标奠定了坚实基础。目前，随着合同能源管理模式① 的广泛使用，一大批节

---

① 合同能源管理（ENERGY MANAGEMENT CONTRACT, EMC）。EMC公司的经营机制是一种节能投资服务管理；客户见到节能效益后，EMC公司才与客户一起共同分享节能成果，取得双赢的效果。

能服务公司（简称ESCo）发展迅速。在国家发改委、财政部审核备案的节能服务公司就已超过2000余家。一种新兴的节能服务产业逐渐形成。同时，随着在空调、汽车等一些传统领域引入节能减排技术，如远大空调以废热或天然气等燃料取代电能驱动压缩机、深圳比亚迪汽车公司推出了油电混合和纯电动汽车等，单位能效提高了数倍。这些领域在产业体系上逐渐生态化，从而促进了产业发展与资源环境的协调发展。

从资源利用到循环经济

长期以来，我国以9%的世界耕地、6%的可更新水资源、4%的森林资源养活22%的人口，推进着前所未有的工业化和城镇化进程，人均资源占有量远低于世界平均水平，许多重要矿产资源相对贫乏，资源和环境压力史无前例。如不迅速扭转资源能源消耗过大过高的现状，不仅加大生产成本，而且会加重环境负担，我国的经济增长将难以为继。而在生产的另一头，矿产生产性废料侵吞山野林地、许多大中城市的生活垃圾围城和群众抗击"身边的垃圾填埋场"事件则将资源再利用推到了解决社会问题的前台。正是在这个意义上，循环经济成为我国经济发展的不二选择。

循环经济本质上是一种生态经济，它以资源的高效利用和循环利用为目标，以"减量化（reduce）、再利用（reuse）、资源化（recycle）"为原则，以物质闭路循环和能量梯次使用为特征，其目的是通过资源高效和循环利用，实现污染的低排放甚至零排放。

早在1980年12月，中央工作会议就提出要转变经济增长主要依赖劳动密集型产业和资源密集型产业的发展模式。1993年，第二次全国工业污染防治工作会议提出，污染防治由末端治理向生产的源头和全过程转变，推行清洁生产，决定从1994年开始，按照经济健康发展、生态良性循环的要求开展生态示范区试点工作。从2000年开始，在借鉴德国、日本发展循环经济、建设循环型社会的基础上，我国根据工业化快速发展、投资对经济增长贡献大、生产领域环境污染突出的特点，按照循环经济的理念，提升老典型，推广新试点，开始了具有中国特色的循环经济发展模式的探索。

2002年10月，江泽民在全球环境基金第二届成员国大会开幕式上指出："只有走以最有效利用资源和保护环境为基础的循环经济之路，可持续发展才能得到实现。"胡锦涛在2003年中央人口资源环境工作座谈会上强调："要加快转变经济增长方式，将循环经济的发展理念贯穿到区域经济发展、城乡建设和产品生产中，使资源得道最有效的利用。最大限度地减少废弃物排放，逐步使生态步入良性循环，努力建设环境保护模范城市、生态示范区、生态省"。

在我国，循环经济从一种理念转化为国家战略和政策仅用了几年时间。2004年，党的十六届四中全会通过的《中共中央关于加强党的执政能力建设的决定》正式将"节约资源和保护环境，大力发展循环经济，建设节约型社会"作为坚持科学发展观，提高党驾驭社会主义市场经济能力的重要内容之一。

从2005年开始，循环经济成为中国经济的关键词和主流经济概念。温家宝总理在政府工作报告中强调："大力发展循环经济。从资源开采、生产消耗、废弃物利用和社会消费等环节，加快推进资源综合利用和循环利用。积极开发新能源和可再生能源。"2005年6月，在中共中央政治局第23次集体学习中，胡锦涛总书记强调，要建立资源节约型国民经济体系和资源节约型社会，要推动发展循环经济，促进资源循环式利用，鼓励企业循环式生产，推动产业循环式组合，倡导社会循环式消费。7月2日，国务院下发《关于加快发展循环经济的若干意见》，对发展循环经济的目标、组织保障、试点工作和技术开发等具体工作进行了部署。在党中央和国务院的大力推动下，2005年，相关部门在宏观调控中，坚持区别对待、有保有压的原则，综合运用财税、货币、土地等手段，按照发展循环经济的任务和政策措施，启动了178项节能、节水和资源综合利用等重大项目；依法关闭那些破坏资源、污染环境和不符合安全生产条件的企业，淘汰落后生产能力；通过调整投资结构、扩大消费需求等措施，合理利用和消化一些已经形成的生产能力。

经过努力，循环经济在我国初步形成了三个大层次的实践模式：在企业，大力推行清洁生产和ISO14000环境管理体系认证，全国化工、轻工、电力、煤炭、机械、建材等行业已有4000家企业通过了清洁生产审核，促进了企业的技术进步和管理水平的提高，实现了较好的经济和环境效益。在工业集中地区，试点建设14个生态工业园，把上游的废料作为下游的原料，并不断延长生产链条。10月，柴达木循环经济试验区等国家首批13个循环经济产业试点园区获得国务院批复。这在区域层次，把工业和农业、城市和农村、生产和消费、理念和实践有机结合起来，从不同范围、不同区域构建循环经济体系，积极实施可持续发展战略。

2008年，国际金融危机爆发。为了促进经济的快速复苏和寻求新的发展路径，西方国家纷纷出台相关的产业、能源、技术及贸易政策发展低碳经济和循环经济。

面对全球范围的经济转型，我国继续致力于发展循环经济。2009年，我国开始正式实施《循环经济促进法》，这是世界上第一部直接以循环经济冠名的法律，它表明了我国发展新兴产业、推动经济转型的决心和力度。《促进法》规定：设区的市以上地方人民政府循环经济发展综合管理部门，要会同本级人民政府环境保护等有关主管部门，编制本行政区域的循环经济发展规划。循环经济发展规划应当包括规划目标、适用范围、主要内容、重点任务和保障措施等，并规定相应的指标，包括资源产出率、废物再利用率、资源化率等方面的指标。

2009年12月24日，国务院正式批复了《甘肃省循环经济总体规划》，这是我国第一个由国家批复的区域循环经济发展规划，实现了循环经济由理论到实践的重大突破。2010年3月15日，《青海省柴达木循环经济试验区总体规划》获国务院批准实施，这是国务院批复的当时世界上最大的循环经济园区总体规划。随着国家加快西部开发的步伐，以甘肃循环经济规划实施为起点，循环经济圈在西部初步形成。与过去"村村点火，户户冒烟"的大而全的发展模式相比，今天的西部"点火"的仍然在快速增加，但"冒烟"的却越来越少了。

从企业"小循环"，到行业"中循环"，再到区域"大循环"，构建区域循环经济，是我国的全新尝试。区域循环经济的提出，相比于小区域而言，设计范围远远扩大了。相比于行业循环而言，区域循环的设计大量增加了行业与行业之间的纵横融合，形成行业联动和区域互动，将大大提高规模效应、聚集效应和深加工的能力。这对于我国在资源丰富、生态环境脆弱的西部地区探索发展循环经济具有重要意义。

为了进一步推进循环经济的发展，国家"十二五"规划纲要把循环经济摆到很重要的位置，首次提出了资源产出率提高15%的目标，并且从推行循环型生产方式、健全资源循环利用回收体系、推广绿色消费模式、强化政策和技术支撑等四个方面，提出发展循环经济的主要任务。为落实"十二五"规划纲要关于循环经济的任务要求，相关部门加快组织编制全国循环经济发展总体规划。2012年5月24日，国家发展改革委召开《全国循环经济发展"十二五"规划》专家论证会。来自国务院参事室、国务院发展研究中心、中国工程院、中国科学院、中国环境科学研究院、环境保护部环境规划院、清华大学、北京大学等单位的13位院士、专家参加了论证会。目前，《全国循环经济发展"十二五"规划》已完成了两次征求意见稿，准备于本月底上报国家发改委主任办公会，批准后再报国务院，预计将在2012年年内发布。

从企业、行业、区域再到整个国家纵横结合的立体式循环经济发展，短短几年内在我国全面展开，这将为我国加快经济发展方式转变，破解资源瓶颈，实现永续发展提供新的动力。

第三节　经济杠杆挥动绿色大旗

长期以来，行政命令控制手段在我国的环境保护工作中发挥了十分重要的作用。但是，随着市场经济的不断发展和完善，行政命令控制手段的局限性也日益显现，环保机构单部门调控工作显得"心有余而力不足"。为扭转上述被动局面，党和政府顺应市场经济中的利益原则，发挥微观经济手段弥补行政手段的不足。价格、财税、信贷和保险等经济杠杆成为促进经济主体环境行为转变和提高环境管理效率的"控制闸、助推器和调节阀"。

绿色信贷成为行业准入的"控制闸"

江苏江阴。离环保局发布企业环保等级还有3个月，但该市600余家企业的老总却异常紧张。因为，他们知道倘若上了"红黑榜"，就别想从银行拿到贷款。这是江阴市环保部门和银行等金融部门为从源头上对企业实施环境管理而出的"组合拳"。早在2002年，江阴市就将企业的环保等级分为"绿、蓝、黄、红、黑"，要求全市商业银行以企业的环保等级来决定贷款发放的宽松严紧，在全国率先推出了"绿色信贷"，用经济手段倒逼企业重视污染治理和环境保护。

由于政府对企业污染环境责任的追究日益严格，因污染企业关停带来的信贷风险也开始加大，江阴市的做法得到了国家的支持和推广。2006年，国家环境保护总局、中国人民银行和中国银行业监督管理委员会等部门联合开展了绿色信贷的政策磋商和调研。绿色信贷的作用是逼迫企业必须为环境违法行为承担经济损失。现行法律允许环保部门对污染企业罚款的额度只有10万元，这样的处罚与企业偷排结余的成本相比可是说是九牛一毛。因此，绿色信贷在某种程度上丰富了环保部门的执法手段。

2007年7月12日，国家环境保护总局、中国人民银行和中国银行业监督管理委员会联合下发《关于落实环境保护政策法规防范信贷风险的意见》。《意见》对绿色信贷进行了具体的规定：要求各银行要对不符合产业政策和进行环境违法活动的企业和项目进行信贷控制，将企业环保守法情况作为审批贷款的必备条件之一；各级环保部门要依法查处未批先建或越级审批，对环保设施未与主体工程同时建成、未经环保验收即擅自投产的违法项目，要及时公开查处情况。要向金融机构通报企业的环境信息；金融机构要依据环保通报情况，严格贷款审批、发放和监督管理，对未通过环评审批或者环保设施验收的新建项目，金融机构不得新增任何形式的授信支持。同时，中国银行业监督管理委员会下发《关于防范和控制高耗能高污染行业贷款风险的通知》和《节能减排授信工作指导意见》，要求各银监局和银行进一步加强高耗能、高污染行业贷款的贷前调查、贷中审查和贷后检查，严把"两高"贷款闸门。随后，上述三个部门还进行了环保信息纳入银行征信信息系统、促进双方信息沟通和交换等绿色信贷的合作。

2012年2月24日，中国银行业监督管理委员会下发《绿色信贷指引》，要求金融机构从战略高度推进绿色信贷，加大对绿色经济、低碳经济、循环经济的支持，防范环境和社会风险，有效识别、计量、监测、控制信贷业务活动中的环境和社会风险（即银行业金融机构的客户及其重要关联方在建设、生产、经营活动中可能给环境和社会带来的危害及相关风险，包括与耗能、污染、土地、健康、安全、移民安置、生态保护、气候变化等有关的环境与社会问题），建立环境和社会风险管理体系，完善相关信贷政策制度和流程管理。这样，经济金融手段就从源头上对生产企业和重点行业进行环境管理，成为了企业准入和生产准入的绿色"控制闸"。

绿色保险监控和护航企业治污

2005年11月13日13时45分，随着中国石油天然气集团公司吉林化工双苯厂一声轰隆巨响，该厂的苯胺装置硝化单元发生爆炸。顿时火光冲天，百余吨工业污水携带着苯胺和硝基苯流入松花江，在松花江形成长约100公里的污染带。松花江污染事件立即引起中俄两国的快速反应，也直接推动了环境污染责任保险制度的出台。

目前，我国已经进入环境污染事故高发期。为规范企业加强污染事件的预防，及时对污染事件受害人进行赔付，关于污染事故的保险问题被提上了环保部门和保险部门的议事日程。

2007年，国务院关于印发《节能减排综合性工作方案》的通知中就要求："研究建立环境污染责任保险制度"。为落实国务院的要求，同年12月17日，国家环保总局和中国保监会联合印发《关于环境污染责任保险工作的指导意见》，对环境污染责任保险工作中的主客体、污染事件的勘察、受害对象的赔付等都作了具体部署，特别是强调环境污染责任保险是以企业发生污染事故对第三者造成的损害依法应承担的赔偿责任为标的的保险，其作用是引入保险公司对企业污染防治进行监管，是环境管理与市场手段相结合的有益尝试。这是继"绿色信贷"之后，环保总局联合有关部门推出的第二项环境经济政策。

2008年国庆前夕，湖南株洲昊华化工公司发生氯化氢泄露事件，对周边农民造成了损失和伤害。和以前的漫长纠纷和等待赔付不同，在环保部门没有介入的情况下，湖南平安保险公司对受害农民进行了赔付。事件得到迅速处理。这起全国首例环境污染责任保险赔付案成为我国绿色保险的一个典型事例，也为推广绿色保险试点工作开了一个好头。

2008年，全国环境污染责任保险试点工作会议在苏州召开，会议研讨了建立绿色保险制度，提高企业防范环境污染事故能力等问题，决定开展环境污染责任保险试点，为全国的大面积推行提供经验，按照"成熟一个、示范一个、推出一个"的原则，争取2012年后在全国推广环境污染责任保险。会议的召开标志着试点示范工作的全面启动。随后，江苏、重庆、湖北、湖南、河南、沈阳、深圳、宁波、苏州等省市作为试点地区开展了相关工作。同时，在生产、经营、储存、运输中使用危险化学品企业、易发生污染事故的石油化工企业和危险废物处置企业，特别是近年来发生重大污染事故的企业和行业中也开展了环境污染责任保险的试点工作。

财税助推资源价格体系形成

长期以来，在经济的粗放式发展中，我国的资源税体系不健全，资源要素价格不能体现其价值。主要表现在：一是过低的资源税率不能有效遏制对自然资源掠夺性开采，没有很好地起到保护资源环境、调节地区差距的作用，难以激发地方政府合理维护资源开发和保护环境的积极性；二是现行的从量计征模式并不能全面反映自然资源的稀缺程度；三是资源税征税范围较窄，如现在仍有百种以上的非金属矿原矿未纳入征税范围，特别是水资源没有纳入征税范围，不利于生态环境保护；四是资源要素价格不全面反映其价值，实际上鼓励了高消耗企业大量使用廉价资源；五是出口退税政策的负面效应越来越大，我国成为"两高一资"产业的全球投资洼地，导致危害国家的经济安全和生态安全。

十六大以来，我国经济发展的资源"瓶颈"越来越严重，国家也下大力气推广循环经济。其中利用和改革资源税，进一步健全资源税收体制和积极构建资源价格体系将有利于发展循环经济，推动经济发展方式的转变。

我国的资源税开征于1984年。1984年9月，财政部发布《资源税若干问题的规定》，决定从1984年10月1日起，对原油、天然气、煤炭等先行开征资源税，对金属矿产品和其他非金属矿产品暂缓征收。1994年1月，财政部扩大了资源税的征收范围，开始实行从量定额征收的办法。

2005年，国务院在《关于加快发展循环经济的若干意见》中明确提出要调整资源性产品与最终产品的比价关系，理顺自然资源价格，逐步建立能够反映资源性产品供求关系的价格机制。发展改革委随后开始积极调整水、热、电、天然气等资源价格政策，比如逐步提高水利工程供水价格、推进阶梯式水价和电价、调整错峰使用资源价格差异范围等，以促进资源的合理开发、节约使用、高效利用和有效保护。2008年2月，国家环保总局发布2008年第一批"高污染、高环境风险"产品名录，共涉及6个行业的141种产品。针对名录中目前还享有出口退税的农药、涂料、电池及有机砷类等39种产品，提出取消其出口退税的建议，同时向商务部、海关等部门提出禁止其加工贸易的建议。但是，这些措施还并未触动资源价格改革的本质。资源价格体系和资源税收体系的建立还在酝酿中。

2009年，国务院批发的《2009年深化经济体制改革工作的意见》中明确提出：研究制订并择机出台资源税改革方案。同年6月召开的2009年"两会"资源税改革建议提案办理工作座谈会终于将资源税改革类建议提案确定为这一年重点办理建议提案。这对于资源极为丰富的广大西部地区无疑是一个十分利好的消息。

2010年5月17日至19日，中共中央、国务院召开的新疆工作座谈会在北京举行。中央决定，在新疆率先进行资源税费改革，将原油、天然气资源税由从量计征改为从价计征。6月1日，财政部、国家税务总局下发《新疆原油天然气资源税改革若干问题的规定》，规定原油、天然气资源税实行从价计征，税率为5%。这意味着，我国酝酿数载的资源税改革，以新疆先行的方式正式拉开改革大幕，标志着我国资源税改革取得重大进展。在全球发展低碳经济的大潮下，我国资源税改革的推进，对于完善资源产品价格形成机制、更好引导经济结构调整、缓解中西部地区财力紧张都具有重要意义。

除了征收资源税，2011年8月，国务院发布的《"十二五"节能减排综合性工作方案》还提出：要落实国家支持节能减排所得税、增值税等优惠政策，完善和落实资源综合利用和可再生能源发展的税收优惠政策。这样，我国的资源税费改革就形成了两个方向：一是将原油、天然气和煤炭资源税计征办法由从量征收改为从价征收并适当提高税负水平，开征环境保护税，逐步扩大征收范围。二是对节能减排、循环经济产业和用于制造大型环保及资源综合利用设备进口制定税收优惠政策。这种"一抑一扬"的资源税费改革方案有效地促进了资源的循环利用，推动行业和企业自动提高资源使用率，对于解决日益严峻的资源"瓶颈"具有很强的针对性。

生态补偿财政政策调节区域发展

2007年，香港环境非政府组织"地球之友"与中国环境文化促进会合办"饮水思源——东江上下游伙伴计划"东江源项目启动。东江是珠江的一大支流，发源于江西省安远等县，是粤港的主要水源。为了保护水源，安远等三个源头县放弃了经济发展的机会，对下游的饮水安全做出了牺牲。东江源项目的启动开始了水源受益地区非政府组织对源头地区的生态补偿。

随着我国一系列旨在加强生态保护和建设政策措施的出台和实施，生态效益及相关的经济效益在保护者与受益者，破坏者与受害者之间的不公平分配问题日益凸显，从而导致了受益者无偿占有生态效益，保护者得不到应有的经济激励；破坏者未能承担破坏生态的责任和成本，受害者得不到应有的经济赔偿。这种生态保护与经济利益关系的扭曲，不仅使生态保护面临很大困难，而且也影响了地区之间以及利益相关者之间的和谐。要解决这类问题，必须建立生态补偿机制，促进生态和环境保护，促进城乡间、地区间和群体间的公平性和社会的协调发展。

在我国，生态补偿工作起步较早，但主要是涉及森林与自然保护区。1992年，国务院批转国家体改委《关于一九九二年经济体制改革要点的通知》就提出"要建立林价制度和森林生态效益补偿制度，实行森林资源有偿使用"。1997年实施的《中华人民共和国矿产资源法实施细则》对矿山开发中不能履行水土保持、土地复垦和环境保护责任的采矿人要求缴纳矿山开发的押金制度。这一政策理念，体现了矿产资源开发生态补偿机制的内涵。1998年修订的《森林法》第六条强调"国家设立森林生态效益补偿基金，用于提供生态效益的防护林和特种用途林的森林资源、林木的营造、抚育、保护和管理。"2001年至2004年，森林生态效益补助资金试点工作开始。

十六大以来，中央政府和许多地方积极试验示范，探索开展生态补偿的途径和措施。2004年，中央森林生态效益补偿基金正式建立。财政部和国家林业局出台了《中央森林生态效益补偿基金管理办法》。这标志着我国森林生态效益补偿基金制度从实质上建立起来。

随着经济的发展，污染事件和资源争夺事件频发，生态补偿开始从森林矿产领域进入到城市饮用水、污水排泄等领域。如北京市与河北省境内水源地之间的水资源保护协作、广东省对境内东江等流域上游的生态补偿、浙江省对境内新安江流域的生态补偿等。

2005年12月颁布的《国务院关于落实科学发展观加强环境保护的决定》、2006年颁布的《中华人民共和国国民经济和社会发展第十一个五年规划纲要》等关系到环境与发展方向的纲领性文件都明确提出，要尽快建立生态补偿机制。为了建立促进生态保护和建设的长效机制，党中央、国务院又提出要

"按照谁开发谁保护、谁破坏谁治理、谁受益谁补偿的原则，加快建立生态补偿机制"。2008年修订的《水污染防治法》首次以法律的形式，对水环境生态保护补偿机制作出明确规定："国家通过财政转移支付等方式，建立健全对位于饮用水水源保护区区域和江河、湖泊、水库上游地区的水环境生态保护补偿机制。"这些都充分表明，我国目前已经具备了建立生态补偿机制的科学研究基础、实践基础和政治意愿。

浙江省是第一个以较系统的方式全面推进生态补偿实践的省份。2005年8月，浙江省政府颁布了《关于进一步完善生态补偿机制的若干意见》，确立了建立生态补偿机制的基本原则、具体政策途径和措施，逐步健全生态环境破坏责任者经济赔偿制度；积极探索市场化生态补偿模式，引导社会各方面参与环境保护与生态建设。在具体实施中，采取了分级实施的工作思路，即省级政府主要负责实施跨区域的八大流域的生态补偿问题，市、县（市）等分别对区域内部生态补偿问题开展工作。目前，杭州等6市已经制定或正在制订本地区建立生态补偿机制的政策，推进相关实践。

另一方面，有的地方也探索了一些基于市场机制的生态补偿手段，如水资源交易模式、排污权交易模式、水权交易模式、林权制度改革等。市场补偿相对于政府补偿来说是一种激励式的补偿制度，是通过市场的调节使生态环境的外部性内部化。目前，我国市场化补偿方式取得了一定的进展。1989年，我国环保部门会同财政部门，在广西、江苏、福建、山西、贵州和新疆等地试行生态环境补偿费。1993年，内蒙古、包头和晋陕蒙接壤地区等17个地区，试行征收生态环境补偿费。1994

年，国家环保总局在包头、开远、柳州、太原、平顶山和贵州等6个省市开展试点，实施大气排污交易政策。2003年，内蒙和宁夏两区通过转让水权的方式，将农业用水权转让给火电厂，开创了水权理论在中国跨行业交易的先例。2003年，福建、江西、辽宁、浙江等省率先推进林权制度改革。林权制度改革后，林农护林的积极性得到调动，从"要我造林"向"我要造林"转变。比如，从2005年到2007年，江西武宁县长水村先后有上百户农民自发上山造林，造林数量超过此前20年总和。

近10年来，我国先后启动实施了退耕还林、退牧还草、天然林保护、京津风沙源治理、西南溶岩地区石漠化治理、青海三江源自然保护区、甘肃甘南黄河重要水源补给区等具有一定的生态补偿性质的重大生态建设工程，总投资达7000多亿元。同时还开展了大规模的水污染治理工作，加大环保基础设施建设，累计安排用于重点流域水污染治理和城镇污水垃圾处理设施建设投入的资金有2000多亿元。这些项目和资金的投入极大地促进了我国的生态保护工作。

第四节 "三农"事业的生态化

十六大以来，随着科学发展观的贯彻落实，党坚持以转变经济发展方式和生态文明建设引领农业、农村可持续发展，大力推进生态化"循环农业"，努力解决农村用水安全问题，改善农村生活环境，保护农村自然生态环境。

推进"循环农业"的生产道路

21世纪以来，我国农业生产发展迅速，农产品产量、农村经济总量和农民收入大幅度提高。但必须看到，我国农业和世界上大多数国家的农业一样，走的是一条主要依靠石化产品支撑的"石油农业"路子。大量使用化肥、农药和生长激素等化学产品，导致土壤板结、地力下降、面源污染、环境恶化和食品安全等问题。另一方面大量农作物秸秆和畜禽粪便等有机肥源弃之不用，既浪费了资源，又加重了面源污染。因此，借助循环经济的发展，在农村推广"循环农业"成为中央"社会主义新农村建设"中推动的农业生产新方略。

循环农业就是运用物质循环再生原理和物质多层次利用技术，实现较少废弃物的生产和提高资源利用效率的农业生产方式。循环农业作为一种环境友好型农作方式，具有较好的社会效益、经济效益和生态效益。

2004年，中共中央、国务院发布的《关于进一步加强农村工作提高农业综合生产能力若干政策的意见》就提出了"保护性耕作"的农业生产模式，要求引导农户和农村集约用地，努力培肥地力，搞好"沃土工程"建设，尽快建立全国耕地质量动态监测和预警系统，发展保护性耕作，引导农民多施农家肥，增加土壤有机质，强调要继续推进节水灌溉示范，加强灌溉用水计量，积极实行用水总量控制和定额管理。从2005年起，我国部分地区开展对农民购买节水设备实行补助的试点。

2006年，中共中央、国务院在《关于推进社会主义新农村建设的若干意见》中明确提出要加快发展循环农业，要大力开发节约资源和保护环境的农业技术，重点推广废弃物综合利用技术、相关产业链接技术和可再生能源开发利用技术。随后，农业部正式启动实施包括畜牧水产业增长方式转变行动、农产品质量安全绿色行动、生态家园富民行动在内的"九大行动"。发展循环经济较早的浙江、甘肃、江苏和河北等地立即开始了生态循环农业生产的试点工作，制定相应的财税鼓励政策，组织实施生物质工程，推广秸秆气化、固化成型、发电、养畜等技术，开发生物质能源和生物基材料，培育生物质产业，积极发展节地、节水、节肥、节药、节种的节约型循环农业。各省形成了各具特点的循环农业生产模式。比如江苏的"猪—沼—肥—农田"、甘肃的"饲料—畜牧业—沼气"模式、浙江的"稻—菇—芦笋（西瓜）"模式、山东的"四位一体"和"猪—沼—果"、"猪—沼—菜"模式等等。

在循环农业的基础上，2007年，中央提出了建立现代农业的发展任务，提出要提高农业水利化、机械化和信息化水平，提高土地产出率、资源利用率和农业劳动生产率，用现代物质条件装备农业，用现代科学技术改造农业，用现代产业体系提升农业，形成现代农业体系。在大力扶农、助农的政策措施下，截至2011年，我国实现连续7年的粮食丰收。2012年2月，中央提出加快推进农业科技创新，促进农业生产的要求。这为我国进一步形成现代化农业，稳定发展农业生产，确保农产品有效供给，缓解我国耕地和淡水资源短缺压力，降低农业发展面临的风险和不确定性，巩固和发展农业农村好形势奠定了坚实的基础。

农村饮水安全日显成效

水是生命之源。我国仍有一亿多农村人口还存在饮水不安全问题。全国农村饮水不安全人口为3.228亿人，占农村总人口的34%。

为早日让农民喝上放心水，2000年至2004年，各级政府和群众投入资金共计200多亿元，解决农村6000万人口的饮水困难。2005年后，国家发展改革委、水利部、卫生部等先后编制和实施《2005—2006年农村饮水安全应急工程规划》、《全国农村饮水安全工程"十一五"规划》，发出《关于进一步做好农村饮水安全工程建设工作的通知》，推动饮水安全工程。各省的饮水工程实行省级政府负总责，中央给予指导和资金支持。各地采用集中供水、分散供水、城乡供水管网向农村延伸等方式，优先解决严重影响农民身体健康的水质问题。

经过努力，"十一五"期间，我国累计完成投资1053亿元，解决了2.1亿农村人口的饮水安全问题，全国农村集中式供水人口比例提高到58%。农村饮水安全工程建设项目的实施，提高了农民健康水平，改善了农村生产生活条件，推进了基本公共服务均等化。从喝水难到有水喝，从挑水到自来水，从水量到水量和水质并重，饮水安全工程给不少地方农村带来新活力。农民取水劳动强度大大减轻，肠道传染病等发病率明显降低，许多农户购置了洗衣机、热水器，生活质量显著提高。

为进一步提高我国农村的供水保障水平，改善农村生活质量，加快农村饮水安全工程建设的步伐，2012年3月21日，国务院常务会议讨论通过《全国农村饮水安全工程"十二五"规划》，提出："十二五"期间，要在持续巩固已建工程成果基础上，进一步加快建设步伐，全面解决2.98亿农村人口和11.4所农村学校的饮水安全问题，使全国农村集中式供水人口比例提高到80%左右；建立健全县级供水技术服务体系，积极推行用水户全过程参与建设和管理。认真落实节水政策和措施，促进节约用水。为实现上述目标，中央预计总投资将达1700多亿元，比"十一五"规划预计投资650亿元增加了1000多亿元。这充分反映出中央扶持的力度之大，彻底解决农村饮水安全问题的决心之大。

村庄美景规划绘出农村新貌

2006年8月，甘肃省陇南市徽县水阳乡农民血铅超标事件一经媒体曝光，就引起了社会的高度关注。事件中有368人血铅超标，其中149人是14岁以下的儿童。这一严重事件其实是我国农村环境污染的一个缩影。伴随着农村地区快速的经济发展，农村环境问题逐步凸显出来。国家环境保护部在《关于加强农村环境保护工作的意见》中对农村环境问题作了如下简要的总结："目前我国农村环境形势十分严峻。点源污染与面源污染共存；生活污染和工业污染叠加，各种新旧污染相互交织，工业及城市污染向农村转移，危害群众健康，制约经济发展，影响社会稳定，已成为我国农村经济社会可持续发展的制约因素。"

为改变农村"室内现代化，室外脏乱差"的现象，改善广大农民群众的人居环境，2006年初，中央在《关于推进社会主义新农村建设的若干意见》中指出：要按照"生产发展、生活宽裕、乡风文明、村容整洁、管理民主"的要求，协调推进农村各项事业的建设。2007年，国务院办公厅转发《关于加强农村环境保护工作的意见》，要求各地大力推进农村生活污染治理，推广"猪—沼—果"、"四位（沼气池、畜禽舍、厕所、日光温室）一体"等能源生态模式，严格控制农村地区工业污染；加强畜禽、水产养殖污染防治，积极防治农村土壤污染等。

随后，我国启动了《畜禽养殖污染防治条例》和《农村环境保护条例》等的起草工作，制定了加强畜禽养殖污染防治、农产品安全、小城镇环境保护等方面的管理办法和技术规范，全面启动了全国土壤污染现状调查及污染防治工作，实施第一次全国污染源普查农业源普查工作，探索建立了"户分类、村收集、乡运输、县处理"的生活垃圾处理模式，开展以"一池三改"（沼气池、改厕、改圈、改厨）为主要内容的农村沼气建设，深入开展农村生态示范创建工作。

2008年7月24日，国务院召开了新中国成立以来的第一次农村环境保护工作电视电话会议，部署农村环境保护的重点工作，要求各省市进一步推动农村环境污染防治和生态保护工作，要全力保障农村饮用水安全，严格控制农村工业污染，加强畜禽养殖污染监管，积极防治农村土壤污染，加快推进农村生活污染治理，深化农村环境综合整治规划，强化农村环境监测体系建设，加大农村环保宣传、教育力度，确保农村环境保护工作的顺利开展。

2009年，在中央和国务院的推动下，各省纷纷结合自己实际制定了农村污染防治规划。比如《安徽省农村环境污染防治规划（2009—2020年）》、《云南省农村环境综合整治规划

（2009—2015年）》等等。同年，中央财政安排农村环境保护专项资金15亿元，支持2100多个村镇综合整治和生态建设示范工作，1300多万群众直接受益。农村沼气用户达3500万户，减少二氧化碳排放约5000万吨。

2011年10月公布的《国务院关于加强环境保护重点工作的意见》和《国家环境保护"十二五"规划》对我国农村环境保护做出了工作部署：实行农村环境综合整治目标责任制，深化"以奖促治"和"以奖代补"政策，扩大连片整治范围，集中整治存在突出环境问题的村庄和集镇。2011年，农村环境保护在2010年已建立的8个示范省(区、市)的基础上，新增9个示范省（区），安排40亿元农村环保专项资金用于支持农村环保和连片整治工作。农村环境整治和生态保护得到进一步加强，为"十二五"的农村环境保护工作打下了基础。

第三章 执政新地标:生态政治初现端倪

近十年来,在经济发展取得巨大成就的同时,党中央和国务院也清醒地看到了日益严重的环境问题,在推动经济发展方式转变和绿色发展的过程中,加强各级政府的环境保护公共职能,大力支持地方的生态文明建设,不遗余力地加强环境立法工作,全面推进社会团体和公民参与生态文明建设和环境保护,在全国范围内推行以生态政治为内容的新政纲。

第一节 政府公共服务职能中的环境治理和生态建设

在我国,环境保护和生态建设等具有一定公益性的社会事业成为是政府公共服务职能中的重要部分。但长期以来,少数地方政府环保部门监管能力也较弱。在涉及大领域、跨省市和地区的生态保护和环境治理问题上,少数地方政府争权夺利,相互推诿和转移责任,出现"九龙治水,越治越乱"的现象。为推动经济发展方式的根本转变,十六大以来,党中央、国务院在经济手段之外,积极推进政府公共服务职能改革和发展,促使各级政府在生态文明建设中发挥应有的作用。我国各级政府，特别是环保部门在宏观层面进行了生态文明建设的规划，在中观层面加强对生态建设和环境治理，在微观层面对干部考核实施了生态环境保护的硬约束。

生态建设规划和生态省的试行

环境保护是我国的一项基本国策，也是政府管理经济社会的重要职能之一。随着环境问题的凸显，政府的这个职能也日益突出。在党中央转变经济发展方式，建设生态文明的号召下，全国各省纷纷主动向生态环境保护靠拢，力图在经济发展中实现"向绿色的转身"，制定了自己的生态规划，有些省还提出"生态立省"、"绿色崛起"的宏观发展思路。

早在1996年8月，国务院在《关于环境保护若干问题的决定》中就规定：各地政府要制订本辖区切实控制主要污染物排放量、改善环境质量的具体目标和措施；在进行资源开发、城市发展和行业发展规划等经济建设和社会发展重大决策时，必须综合考虑经济、社会和环境效益，进行环境影响论证。各省、自治区、直辖市应遵循经济建设、城乡建设、环境建设同步规划、同步实施、同步发展的方针，逐步提高环境污染防治投入占本地区同期国民生产总值的比重。随后，按照国务院的上述要求，国家环保总局提出了创建生态示范区的实验步骤。

在全国创建生态示范区取得经验的基础上，国家环保局拓展出建设生态省的目标。1999年3月，国家环保总局批准海南省为全国第一个生态省试点，随后批准吉林省为生态省建设试点；2000年批准黑龙江省为生态省建设试点；2002年批准福建省为生态省建设试点；2003年共批准浙江、山东、安徽三个省开展生态省建设试点。在生态环境脆弱的西部地区，以甘肃建立循环经济省为起点，掀起全国生态省建设热潮。在这次热潮中，各省都提出了切合自己实际的生态省建设策略，并积极确保政策取得实效。比如，浙江省做出生态省建设的战略决策以来，全省各地围绕建设高效生态农业，形成了一批富有浙江特点的生态循环农业技术模式、农作制度和成功做法，有力推动了高效生态农业的持续健康发展，也为生态循环农业的全面推进奠定了良好的基础。

截至2008年，全国已有海南、吉林、黑龙江、福建、浙江、江苏、山东、安徽、河北、广西、四川、辽宁、天津、山西14个省区市开展了生态省建设，有150多个市（县、区）开展了生态市（县、区）创建工作。"十一五"以来，全国已初步形成生态省—生态市—生态县环境优美乡镇—生态村的生态示范创建体系，全国生态省建设成效明显。2009年12月和2010年3月，国务院正式批复《甘肃省循环经济总体规划》和《青海省柴达木循环经济试验区总体规划》以循环经济为载体的西部生态省建设正式启动。2012年4月，中共海南省第六次代表大会，首次明确提出，海南将实现以人为本、环境友好、集约高效、开放包容、协调可持续发展的绿色崛起。为实现绿色崛起，海南将打破行政区划的壁垒，大力发展低能耗、低排放、高效益、高科技的绿色产业，坚持生态立省，注重发挥生态环境的综合效应与优越的区位条件、丰富的要素资源、国家赋予的经济特区和国际旅游岛的开放政策等形成叠加效应，并使之转化为科学发展的现实生产力。

从各地"十二五"规划来看，我国绝大多数省份首次把生态文明建设写入国民经济和社会发展"十二五"规划。31个省（区、市）中将生态文明建设明确写入规划的有26个，把"推进生态文明建设"、"加快生态文明建设"、"提高生态文明水平"等写入指导思想的有6个，写入发展原则和目标的有13个，以"生态文明建设"为题进行专篇(章)规划的有10个。大多数省区明确提出未来五年生态文明建设的思路和重点，强调以生态文明的理念指导新型工业化、新型城镇化和农业现代化，普遍将积极应对全球气候变化、加强生态建设、加强资源节约和管理、大力发展循环经济、加大环境保护力度和建立防灾减灾体系等作为"十二五"时期生态文明建设的主要内容。仅从规划文本的表述可以看出，"十二五"期间生态文明已从哲学概念转变为经济社会领域的一项战略任务，生态文明建设的理念在省域层面取得广泛共识。

"环评风暴"推出政府环境监管"硬约束"

由于有些地方对环保事业不够重视，常常牺牲环境换取经济发展，对环境的管理只是一种"软"约束。面对日益严峻的环境保护局面，党中央和国务院提出科学发展观和生态文明建设，要求各地政府高度重视环境保护和生态建设，继续强力贯彻环境评价和监管，彻底改变环保"软"约束。

1996年8月，国务院发出《关于环境保护若干问题的决定》，要求各级政府要严格把关，坚决控制新污染，建设对环境有影响的项目必须依法严格执行环境影响评价制度和环境保护设施与主体工程同时设计、同时施工、同时投产的"三同时"制度。各级环境保护行政主管部门要严格建设项目的环境保护管理和日常监督监测工作。1998年，国务院颁布了《建设项目环境保护管理条例》，进一步健全了建设项目环境影响评价制度的管理体系，使"环境影响评价"拥有了一定的执法手段。

2003年9月1日，《中华人民共和国环境影响评价法》正式实施，对这项制度做出了更为明确的法律规定：任何对环境产生影响的建设项目在开工前，都必须向相关的环保部门报批"环境影响报告书"，先评价，后建设。应该说，环境影响评价制度是从源头预防破坏与污染的有效手段，有助于我国的宏观经济健康运行，抑制低水平重复建设，更重要的是，它还能对生产力布局进行合理、科学的配置。然而，在《环评法》颁布后的一年多时间里，环境影响评价工作的开展却存在着不少问题。在一些地方政府重经济轻环保的观念下，环境影响评价法在实际操作中几乎没有约束力和执行力。2004年12月，国家环保总局发布了《严格电站环评项目坚决制止电站无序建设》的文件，强调环境影响评价要有法必依。12月27日，环保总局又向公众通报了68家不合格环评执行单位的处理情况，全面整顿环评行业秩序，坚决查处违法违规单位和行为。

2005年1月，国家环保总局为维护《中华人民共和国环境影响评价法》的严肃性，叫停了30家大型企业未经环保审批的违法开工项目。这次环境行政行动在社会上产生了巨大的震动。从社会公众、媒体至国务院都对此给予了空前的响应与支持，形成了一道强有力的冲击波。叫停的项目业主不得不补办了有关手续。此次环保行动也被舆论界称为"环评风暴"。

"环评风暴"使得环评工作得到前所未有的重视，并有力地推动了环评工作的开展。截止到2005年10月底，国家环保总局共受理建设项目环境影响报告书724件，批复报告书850件（含上年转批），比2004年的500多件增加了近30%。2005年12月，国家环境保护总局相继出台《建设项目环境影响评价文件审批程序》、《建设项目环境影响评价资质管理办法》、《环境影响评价工程师职业资格制度暂行规定》、《环境影响评价工程师职业资格考试实施办法》、《环境影响评价工程师职业资格考核认定办法》和《建设项目环境影响评价评估审批验收行为准则与督查办法》等环境影响评价配套措施。随后，我国陆续开展了怒江、雅碧江、澜沧江中下游、四川大渡河等流域规划环评，积极推进了水电、煤炭、港口、交通、电力等重点行业的规划环评及成都化工基地、宁夏宁东能源基地区域环评试点，组织完成了营口港总体规划、内蒙胜利矿区等规划、区域环评。截止到2005年11月，已有上海、天津、河北、山东、陕西、内蒙古、大连、深圳、杭州等地以不同形式出台了开展规划环评工作的有关配套规定。内蒙古自治区、大连和武汉市的规划环评试点工作已经启动。

如果说，"环评风暴"是用行政手段强力执行的环保管理和监督的话，那么"绿色GDP"[①]的推出就旨在用宏观经济手段让各别地方政府认识环境保护和生态建设的极其重要的经济价值，从而更好地推进对环境保护的硬约束。

国家统计局和国家环保总局于2004年3月联合启动了《中

---

① "绿色GDP"是在GDP基础上把资源耗减成本和环境损失的代价扣除后所得的值。

国绿色国民经济核算研究》项目，并于2005年在全国10个省市开展了绿色国民经济核算和污染损失评估调查试点工作。两年来，由有关部门组成的项目技术组对全国31个省（自治区、直辖市）和42个行业的环境污染实物量、虚拟治理成本、环境退化成本进行了核算分析。2006年9月，国家统计局和国家环境保护总局在北京联合召开中国绿色国民经济核算研究成果新闻发布会，发布了《中国绿色国民经济核算研究报告2004》。这是我国第一份经环境污染调整的GDP核算研究报告，标志着中国绿色国民经济核算研究取得了阶段性成果。

随后，我国政府正力图用3年至5年时间初步建立一套符合中国国情的绿色国民经济核算制度（"绿色GDP"），而且这一制度已经引起各地方政府的关注和支持。"绿色GDP"相关指标体系的框架已分别在海南省和重庆市展开了部分指标的试点核算。此外，北京、浙江、安徽、广东、福建、江苏等多个省市也明确要求，将计入环境和资源等方面损失的"绿色GDP"纳入其经济统计体系。

问责和考核制度力推政府的行政作为

我国环境保护和生态建设约束"软"，有许多建设项目能够火线上马，造成严重环境污染和生态破坏隐患的重要原因是部分地方政府官员错误的政绩观。一些地方的领导政绩考核的目标是GDP增长的数字，因而一味地追求经济效益，忽视环境与资源的承载能力。

长久以来，党和国家都在狠抓环境保护的落实工作，不断提升环保部门的地位，加大对各地政府官员和环保干部的教育和管理工作，将环境质量作为考核政府主要领导人工作的重要内容，敦促干部对环保工作抓得紧、抓落实和抓成效。

1996年8月，国务院在《关于环境保护若干问题的决定》中就规定：地方各级人民政府对本辖区环境质量负责，实行环境质量行政领导负责制。地方各级人民政府及其主要领导人要依法履行环境保护的职责，坚决执行环境保护法律、法规和政策。要将辖区环境质量作为考核政府主要领导人工作的重要内容。各级环境保护行政主管部门必须切实履行环境保护工作统一监督管理的职能，加强环境监理执法队伍建设，严格环保执法，规范执法行为，完善执法程序，提高执法水平。地方各级人民政府的领导干部不得违反国家有关建设项目环境保护管理的法规，擅自批准建设未经环境影响评价的项目。凡违反规定的，必须追究有关审批机关和审批人员的责任。

2005年12月，国务院通过的《关于落实科学发展观加强环境保护的决定》，明确指出要将环境保护纳入地方政府和领导干部考核的重要内容，定期公布考核结果。这在我国的环境保护进程中具有重要意义。为进一步督促地方政府和领导干部加强环保管理工作，2008年4月实施的《节约能源法》以法律的形式规定：国家实行节能目标责任制和节能考核评价制度，将节能目标完成情况作为对地方人民政府及其负责人考核评价的内容。省、自治区、直辖市人民政府每年向国务院报告节能目标责任的履行情况。按照中央的要求，各地开展了地方官员和环保工作的"结对子"工作。比如，河北开展的"双三十"模式，把30个政府官员和30个涉及环境影响或限期整改的企业一对一结成对子。哪家企业出了污染问题，由和其结对子的官员负责。江苏开展了"河长制"，把辖区内的河分段，由该段的政府一把手兼当"河长"。哪段河污染了，由该段河长负总责。这些做法和尝试推进了当地政府的环境执法和管理工作。

2011年7月，国家应对气候变化及节能减排工作领导小组会议召开会议，强调各地政府要抓紧分解落实节能减排指标，加强节能减排工作的组织领导，地方各级人民政府对本行政区域内节能减排工作负总责，政府主要领导是第一责任人。严格实行节能减排奖惩机制，把各地区节能目标责任评价考核结果，作为对省级人民政府领导班子和领导干部综合考核评价的重要依据，实行问责制。这在行政干部管理制度上，提出了环境保护的工作"硬约束"，极大地促进了政府干部的环境保护和生态建设的行政作为。

环保部门组织建设弥补行政"软肋"

随着国家对环境保护的重视，环保部门的组织建设也得到了日益加强，环保部门的行政体制建设也日益科学化。

早在1984年5月，国务院发出《关于环境保护工作的决定》，并决定成立国务院环境保护委员会，同时要求工交、农林水海洋、卫生等各部门都应有一名负责同志分管环境保护工作，并设立与其任务相适应的环境保护管理机构，各省、自治区、直辖市人民政府，各市、县人民政府，都应有一名负责同志分管环境保护工作。工业比重大、环境污染和生态环境破坏严重的省、市、县，可设立一级局建制的环境保护管理机构。区、镇、乡人民政府也应有专职或兼职干部做环境保护工作。1993年3月，八届全国人大一次会议决定设立全国人大环境与资源保护委员会。全国人大环境与资源保护委员会受全国人民代表大会领导，负责研究、审议和拟订环境和资源相关的各级代表的议案。1998年，我国政府进行机构改革，将原国家环境保护局升格为国家环境保护总局（正部级），强化了生态环境建设纵向组织结构。

2008年3月，为加大环境政策、规划和重大问题的统筹协调力度，十一届全国人大一次会议决定组建环境保护部。中华人民共和国环境保护部的成立为生态文明建设提供了更为有力的组织保障。在国务院机构改革中，环境保护部是唯一从直属机构调整为国务院组成部门的机构。地方环保部门的地位也不断得到提升，陆续成为所在地区政府的组成部门，机构和人员力量不断得到加强。与2005年相比，地方环保机构增加了10%，人员增加了14%。这些充分体现了党和国家对环境保护的高度重视。

为强化地方环保部门的执法能力和监管能力，2002年8月，国家环保总局开始在陕西试行环保系统垂直管理体制。在积累了丰富的经验之后，陕西省、山西省、黑龙江省、湖南省、广东省、辽宁省等都在一定范围内开展了垂直管理改革试点。地方改革试点的经验表明，实施垂直管理体制，有效加强了环保部门的机构建设和人员编制，保障了各项资金的到位，强化了环境执法监管的权威性和环保监督执法，排除了地方保护主义干扰，积极推动了环保工作的行政执行。

为加强对环保工作的监管，在中央编办的大力支持下，环境保护部建立华东、华南、西北、西南、东北、华北等6个区域环境督查派出机构和6个核与辐射安全监督派出机构。部分省

(区)积极探索环境监管体制改革，江苏省、河北省、内蒙古自治区等环保厅分别建立了省(区)内派出机构。这些环境保护督查中心在解决省(区)内跨区域环境纠纷和突发环境事件中发挥了重要作用。

此外，环境保护部还与国家发展和改革委员会等八部委联合探索建立区域大气污染联防联控机制，与国家海洋局以及多个省(区、市)签署合作协议，与中央统战部合作建立国家环境特约监察员制度等。先后建立由环境保护部牵头的松花江、淮河、三峡库区及其上游、海河等水污染防治部际联席会议，国务院九部委联合开展环保专项行动，进一步丰富了部际协作机制。全国环境保护部际联席会议制度和生物物种资源保护部际联席会的建立则形成了生态环境建设的横向组织结构。至此，一个立体化生态环境保护组织体系基本形成。

"十二五"期间，我国将大力推进环保行政体制改革，创新区域环境监管体制，继续加强"国家监察、地方监管、单位负责"的环境监管体制建设，实行环境保护目标责任制和考核评价、责任追究制度，建立健全全方位多层次环保协作机制，持续推进区域联防联控联治机制，加大省部合作力度，强化跨部门跨区域合作，为环境保护和生态文明建设进一步做好组织和体制的保障工作。

第二节　完善法制呵护大自然

进入21世纪后，我国的经济取得了高速的发展。同时，各种环境污染事件也呈现逐年增加的趋势。频发的环境事故既给环保工作带来了挑战，也从反面推动了生态文明和环境保护的法制建设。环保公益诉讼迈出实质性的步伐，环保违法惩治力度更为加强，地方环保立法各显其能，环保法律体系日臻完善。

环保公益诉讼推动环保事业由"政府主导"向"社会制衡"

"公益诉讼一小步，环保一大步"，这是2012年5月23日，中央电视台新闻[1+1]栏目的标题。这期节目报道了国内首例由民间（草根）环保组织提起的环境公益诉讼案件。这一天，云南省曲靖市中院将就这一案件进行开庭前质证。栏目主持人用"破冰"来概括了这次环境公益诉讼案件的意义。

2011年6月，云南省陆良化工实业有限公司非法在曲靖市麒麟区倾倒5000多吨剧毒工业废料铬渣，致使村民饲养的51只山羊、1匹马中毒死亡。在近一年中，该区所辖的村出现数量相对较高的癌症病患者，患者死亡率较高。环保组织经调查发现，上世纪90年代出现的大量铬渣，仍然被堆放在陆良化工的露天仓库里，背靠珠江源头南盘江。

2011年9月，自然之友、重庆绿联会作为共同原告向曲靖中院提起环境公益诉讼，要求云南省陆良化工实业有限公司、云南省陆良和平科技有限公司停止侵害、消除危险、赔偿因铬渣污染造成的环境损失，并曲靖市环保局被列为第三人。两家环保组织索赔数额高达1000万元人民币。但是，法院并没有立刻给予立案。由于民事诉讼法"当事人应为利害关系人"的相关规定，不少草根环保组织提出公益诉讼，往往都过不了法院"立案"这一关。9月中旬，在法院的建议下，自然之友、重庆绿联会作为共同原告同意接受让环保局成为共同原告。自然之友的负责人常成说："草根组织提起的环境公益诉讼还从未立过案，我们的证据基础不足，大量的监测性数据、处罚报告都由环保局掌握。"10月19日，环保组织"自然之友"收到云南曲靖中级人民法院送来的立案书。这起案件是首例由"草根组织"提起公益诉讼并获立案的案件。

此前，只有一例环保社团作为原告提出的公益诉讼得到受理并胜诉，那起案件原告带有官方性质，是环保部主管的中华环保联合会。"在拿到立案书之前，我们对是否被受理不抱预期。"10月25日，自然之友总干事李波说，这次案件受理本身，对诸多草根环保组织来说就是一大鼓励。10月25日，中国政法大学污染受害者法律帮助中心主任王灿发说，曲靖铬渣污染事件公益诉讼立案是我国环境公益诉讼的历史性突破，也是我国无利益相关者提起公益诉讼的一个良好开端。这次诉讼的受理和审理的实践，必将对我国正在修订的《民事诉讼法》和《行政诉讼法》产生深刻影响。

长期以来，我国的环保事业主要是依靠政府，特别是环保部门的推动，"政府主导"和"社会制衡和社会监督"边缘化是其基本特点。事实上，生态环境作为社会的公共利益，受到每一位社会成员的直接关注，环保事业因此也具有很强的社会公益性。日益增多的环境冲突乃至群体性事件说明：单一的政府主导型环境治理常常存在成本高，效率低的问题。因此，一种包含公众参与环保监督和环保利益诉求机制的防范、疏导和协调环境冲突的法律机制已经呼之欲出。

真正保证公众监督权的制度性途径是建立公益诉讼制

度。所谓环境公益诉讼，是指任何公民、社会团体、国家机关为了社会公共利益，都可以以自己的名义，向国家司法机关提起诉讼。为此，需要修改有关法律，赋予一切单位和个人以诉讼权。不论国家机关，还是公民个人或其他组织均可成为公益诉讼的原告主体，有权对污染和破坏环境单位和个人进行检举和控告。2005年，《国务院关于落实科学发展观加强环境保护的决定》就提出要推动环境公益诉讼。

2011年10月29日，十一届全国人大常委会第23次会议通过的民事诉讼法修正案中增加了一条："对污染环境、侵害众多消费者合法权益等损害社会公共利益的行为，有关机关、社会团体可以向人民法院提起诉讼。"这样，凡涉及生态环境与保护的公共事件，公民或者社会团体就可以以"公共利害关系人"的身份和名义提起公诉，即公益诉讼。这次民事诉讼法的修改标志着我国环境保护公益诉讼制度的建立，为环保组织进行环境监督在法理上提供了有效支持。根据修正案中的这一条，民间社团人士认为，他们已经被赋予基本权利，今后提起公益诉讼将不会再受限。这份草案寥寥几个字的修改却为民间环境保护提供了更为广泛的法律支持，是对环保公益诉讼的极大鼓舞。

2011年11月1日印发的《"十二五"全国环境保护法规和环境经济政策建设规划》规定："推动环境公益诉讼，对于严重污染环境和破坏生态，损害国家和公众环境利益的，积极支持环保团体提起环境公益诉讼。"从此，在法制层面上，我国的环境保护事业开始步入公民赋权，通过社会力量对环境污染行为实施制衡，从而推动环境治理模式从政府直接控制的

"政府主导型"向"社会制衡模式"转变。

立新法，改旧法，环保法制体系逐渐完善

随着社会主义法治建设的推进，我国政府对环境保护的法制工作不断加大力度，将环境保护工作放在国家根本大法的高度上。《宪法》规定："国家保障自然资源的合理利用，保护珍贵的动物和植物。禁止任何组织或个人用任何手段侵占或者破坏自然资源。""国家保护和改善生活环境和生态环境，防止污染和其他公害，保护人体健康，促进社会主义现代化建设和发展。"这是我国政府进行环境管理的宪法依据。环境保护的基本法《中华人民共和国环境保护法》，对环境保护的重大问题做出了全面的原则性规定，为环境保护提供了法律依据。在这些基本原则的指导下，我国相继出台了许多具体的环保法律法规。特别是十六大以来，党提出科学发展观和建设生态文明之后，我国的环保立法更是围绕着经济发展和环境保护双赢的价值取向，开始了更具有操作性和针对性的工作。

2003年9月1日生效的《环境影响评价法》将开展规划环评以法律的形式确定下来。这是我国环境保护进程的一个大飞跃，标志着从决策源头防治环境污染的环境管理战略开始实施，在理念上实现了"环境优化增长"。随后，为了推动规划环评的初步进展，环保部门出台若干配套法规和技术文件——《编制环境影响报告书的规划的具体范围》和《编制环境影响篇章或说明的规划的具体范围》，明确了规划环评的工作对象和内容。

围绕着我国循环经济、节能减排和清洁生产等一系列绿

色经济发展战略的实施，一些相关法律也相继出台，推动了生态文明建设和环境保护立法工作。早在1998年，国家就颁布实施了《节约能源法》。随后，全国人大常委会制定或修订了《清洁生产促进法》（2002年）、《放射性污染防治法》（2003年）。2006年1月1日，《可再生能源法》实施。4月，新修订的《固体废物污染环境防治法》正式实施。该法首次将限期治理决定权由人民政府赋予环保行政主管部门。此外，还首次引入了生产者责任制，全面落实污染者责任，建立了强制回收制度；农村固体废物防治也纳入法律范围。2009年1月1日，我国开始正式实施《循环经济促进法》，这是世界上第一部直接以循环经济冠名的法律。

从1989年制定《环境保护法》开始，我国相继制定了诸多关于保护生态环境的法律：代表性的有1998年的《森林法》、《水土保持法》、2000年的《大气污染防治法》、2001年的《防沙治沙法》、2002年的《草原法》、《水法》、《环境影响评价法》，2004年的《土地管理法》、《野生动物保护法》，2008年的《水污染防治法》等。这些法律成为我国生态环境保护方面的基本法律依据。

除了上述基本法，国务院相继推出了多项关于生态环境保护的行政规章。比如：《危险化学品安全管理条例》（2002年）、《排污费征收使用管理条例》（2002年）、《退耕还林条例》（2002年）、《医疗废物管理条例》（2003年）、《危险废物经营许可证管理办法》（2004年）、《国务院关于落实科学发展观加强环境保护的决定》（2005年）等行政法规和法规性文件。"十一五"期间，国务院制定或者修订了《规划环境影响评价条例》、《全国污染源普查条例》、《废弃电器电子产品回收处理管理条例》、《消耗臭氧层物质管理条例》、《民用核安全设备监督管理条例》、《放射性物品运输安全管理条例》、《防治海岸工程建设项目污染损害海洋环境管理条例》等7项环保行政法规，发布了《节能减排综合性工作方案》、《关于加强重金属污染防治工作的指导意见》等法规性文件。这些条例的制定和修订进一步完善了环境行政法规，有力地推动了我国的环境立法工作。

各地方环境保护立法工作发展迅速

十六大以来，我国各地方政府结合本地方实际，贯彻国家生态环境立法的政策，纷纷开展卓有成效的环境立法工作。截止到"十一五"，我国各地方人大和政府制定的地方性环境法规和地方政府规章就达1600余件。各地的环境立法工作不仅补充了国家环境立法的不足，适应地方环保工作的实际需要，而且还有力地支持了国家的有关环境立法工作，同时为其他地方的环境立法提供了有益借鉴。

2004年，贵州省贵阳市颁布实施了我国第一部地方性的循环经济法规《贵阳市建设循环经济生态城市条例》。2006年2月，西藏自治区人民政府颁布了《西藏自治区冬虫夏草采集管理暂行办法》。2008年6月，当地政府又发出了《关于加强冬虫夏草采集管理工作的紧急通知》。2008年5月，新疆维吾尔自治区人民政府颁布了《新疆维吾尔自治区矿山地质环境治理恢复保证金管理办法》。这些地方法规规章是西部地区生态环境保护立法体系的重要部分，也是我国生态环境保护的法律体系的一部分。

为加强环境保护法律的有效实施，云南省昆明市于2008年11月设立了环保公安分局，组建环保警察队伍。2008年12月，昆明市、玉溪市中级人民法院分别成立了环境保护审判庭，负责审理区域范围内涉及环境保护的诉讼和刑事、民事、行政案件。之后，玉溪市的澄江县、通海县法院也相继成立了环保法庭。阳宗海案的审理工作对云南省的环境司法保护进行了有益的探索，明确了环保法庭环境保护案件受案与管辖范围，明确了环境公益诉讼主体和受案范围，将现行的警告、罚款等大量行政处罚上升为具有准刑事责任性质的行政拘留处罚甚至刑事犯罪，使云南审理环保案件有了审判指南。

除了订立新的环境法规，各地方政府还根据近年来出现的新情况、新问题，结合本地实际，对一些环保法律进行根本性的修订。如，2005年9月23日，上海市第十二届人民代表大会常务委员会第22次会议对1994年制定的《上海市环境保护条例》进行修订。2005年3月25日，新疆维吾尔自治区第十届人民代表大会常务委员会第15次会议修订《新疆维吾尔自治区塔里木河流域水资源管理条例》。2009年11月16日，宁夏回族自治区十届人大常委会第14次会议对《宁夏回族自治区环境保护条例(修订草案)》进行了审议。

地方环境立法不仅数量多，而且质量不断提高。在立法质量方面，各地更加突出地方特色，更加注重针对性和可操作性。如北京市重点针对大气污染防治，江苏省针对长江流域水污染，黑龙江省突出居民生活环境的保护，重庆市强化三峡库区污染防治，云南省加强高原湖泊的污染治理，陕西省针对石油天然气开发的环境保护，西藏自治区突出自然生态保护，广东省针对危险废物，武汉市针对社会生活噪声，苏州市针对建筑施工噪声等等。这些省市围绕针对的现实环境问题，先后制定了一大批具有鲜明地方特色的地方环境法规和规章。福建、广东等地还针对环境执法工作的要求，创设了查封、暂扣违法物品等行政强制手段，具有较强的可操作性。山东省以省政府令形式发布了《环境保护违法行为行政处分办法》。江苏、浙江、上海等地制定了环境保护举报奖励办法。这些环境保护立法工作均取得了很好的实际效果。

"十二五"期间，国家将大力支持地方环保立法，提出了三个努力的方向：一是积极支持、指导和推动地方制定环境法规或者规章，更加突出地方特色，更加注重针对性和可操作性，以适应地方环保工作的实际需要。二是加强地方环保立法的调研，将立法条件比较成熟、应当用法律规范来调整、具有普遍适用意义、各方面意见比较一致的地方立法经验及时上升为适用全国的环保法律法规。三是加强地方环保立法工作的交流和培训，构建环保立法工作者交流平台，实现环保立法信息共享。这将为我国的环境保护立法工作提供更有效的保障和更广阔的前景。

第三节　助力绿色社团，加强环保宣传和教育

对一个地方的环境质量最有切身体会、对环境保护最有动力的是谁？不是上级政府，不是当地环保局，也不是国家环保总局，而是当地公众。公众的生活与环境状况密切相关，对

环境质量最有切身体会，也最有动力去推动环境保护。由于我国的环境保护和生态建设还是政府完全主导的运动式推动，公众要么成了"沉默的大多数"，很少发出自己的声音，要么在"沉默中爆发"，掀起环境群体性事件。两种方式都不是保护环境的有效参与方式。这就注定了政府环保的高成本和低效率。因此，要真正建设环境友好型社会，实施生态文明，最有效、最低成本的办法就是让公众享有充分的环境知情权和监督权，充分参与环境管理；积极开展与民间环保组织的合作，有效处理环境群体性事件；调动工青妇等社会团体的力量，加强环境保护和生态建设的宣传教育工作。

政府推动公众和绿色社团的环保参与

随着我国经济社会的发展，人们对环境保护的呼声逐步高涨，对环境保护和生态文明建设的参与意识也逐步加强。各种绿色环境保护组织在我国的发展也随之加快。我国政府借助国外政府与绿色环保组织全面合作的做法，结合我国的实际，有步骤有秩序地积极推动绿色环保组织的发展。

在我国，环境领域的公众参与可以追溯到1989年颁布的《中华人民共和国环境保护法》。这部法律规定："一切单位和个人都有保护环境的义务，并有权对污染和破坏环境的单位和个人进行检举和控告"。1994年，我国政府制定的《中国21世纪议程》指出："实现可持续发展目标，必须依靠公众及社会团体的支持和参与。公众、团体和组织的参与方式和参与程度，将决定可持续发展目标实现的进程"；"团体及公众参与可持续发展，需要新的参与机制和方式。团体及公众既需要参与有关环境与发展的决策过程，特别是参与那些可能影响到他们生活和工作的社区决策，也需要参与对决策执行的监督"。1996年8月，国务院《关于环境保护若干问题的决定》要求："建立公众参与机制，发挥社会团体的作用，鼓励公众参与环境保护工作，检举和揭发各种违反环境保护法律法规的行为"。但是，这些规定在实际生活中只是赋予了公众保护环境的基本权利，操作性不强。

2003年9月1日生效的《环境影响评价法》进一步将公众的环保参与权以法律的形式固定下来："国家鼓励有关单位、专家和公众以适当方式参与环境影响评价"；"专项规划的编制机关对可能造成不良环境影响并直接涉及公众环境权益的规划，应当在该规划草案报送审批前，举行论证会、听证会，或者采取其他形式，征求有关单位、专家和公众对环境影响报告书草案的意见"。

在国家政策和法律的支持下，我国各地开展了公众参与环境保护工作的施行。比如，公众参与环境立法。2004年国家环保总局在江苏省南京市就《排污许可证条例（草案）》举行了立法听证会。这是《环境保护行政许可听证暂行办法》生效后环保部门举行的首次环境行政许可的立法听证会。参加听证会的人员大多代表所在企业法人或者组织，也有以个人身份参加会议的普通公民。听证会集中听取了众多行政相对人以及技术专家、基层管理人员、公民个人和非政府组织的意见，更深刻、更全面地了解了行政立法应当考虑的实际问题和因素。公众参与到环境行政立法程序中，也有利于加强对行政主体的监督，从而完善政府的环境保护责任。

2005年11月，《国务院关于落实科学发展观加强环境保护的决定》提出"发挥社会团体的作用，鼓励检举和揭发各种环境违法行为，推动环境公益诉讼。企业要公开环境信息。对涉及公众环境权益的发展规划和建设项目，通过听证会、论证会或社会公示等形式，听取公众意见，强化社会监督"。这就将公众的环保参与从听证等监督权上升到诉讼权。

2005年"环评风暴"后，公众的环境意识在这场风暴中大大提高，他们更加主动地关心环境，参与保护环境的意愿空前高涨。各种环保组织也得到了充分发展，发挥了重要作用，进一步推动了公众对环保信息公开、公众知情权和听证会的高度关注。

在社会的强烈呼吁下，《环境影响评价公众参与暂行办法》出台，并于2006年3月18日起正式施行。《暂行办法》阐明："国家鼓励公众参与环境影响评价活动。公众参与实行公开、平等、广泛和便利的原则。"还明确规定了公众参与环境影响评价活动的方式和途径、知晓信息的范围和事项、要求被告知的内容、发布信息和征求公众意见的形式和范围等具有可操作性的具体办法。《环境影响评价公众参与暂行办法》的实施揭开了公众和民间环保组织参与环境保护和生态建设的历史新篇章。

政府与绿色NGO的合作共赢

民间组织，也称非政府组织（Non-governmental Organizations）简称NGO，它是指人们为了追求和实现一定的社会性宗旨或目标，在法律规定或许可的范围内，以公民或团体身份自愿结成的并按其章程开展活动，不事经营或不以营利为目的的民间性社会组织。

自1978年5月，首个政府发起的环保民间组织中国环境科学学会成立以来，我国环保民间组织主要经历了3个阶段：自1978年起到上世纪90年代初，中国环保民间组织走过了诞生和兴起阶段；1995年至本世纪初，环保民间组织把环保工作向社区和基层延伸，进入了发展阶段；本世纪初，环保民间组织的活动领域逐步发展到组织公众参与环保、与政府部门合作，为国家环保事业建言献策、开展社会监督、维护公众环境权益等，环保民间组织进入了成熟阶段。

1995年，环保组织"自然之友"发起了保护滇金丝猴和藏羚羊行动，这是我国环保民间组织发展的第一次高潮。这一时期，环保民间组织从公众关心的物种保护入手，发起了一系列的宣传活动，树立了环保民间组织良好的公众形象。1996 年，中国民间第一个自然生态环境保护站——索南达杰自然保护站成立，成为可可西里反偷猎工作的最前沿基地。1999年，环保组织"北京地球村"与北京市政府合作，成功进行了绿色社区试点工作。中国环保民间组织开始走进社区，把环保工作向基层延伸，逐步为社会公众所了解和接受。

2003年，在各级政府的推动和支持下，国环保民间组织已由初期的单个组织行动，进入相互合作的时代。环保民间组织活动领域也从早期的环境宣传及特定物种保护等逐步发展到组织公众参与环保，为国家环保事业建言献策，开展社会监督，维护公众环境权益，推动可持续发展等诸多领域。

2005年，在1月国家环保总局的"环评风暴"刮起之后，包括自然之友、北京地球村、绿家园志愿者、中国国际民间组织合作促进会在内的56家民间环保组织联名致信国家环保总局，坚决支持国家环保总局严格环境执法。

同年的4月初，北京市海淀区主管部门对国家遗址公园圆明园水域进行整修，在湖底铺设防渗膜。铺膜事件成为全社会高度关注的重大环境事件，引发了广泛的争议。NGO组织在这起事件和争议中发挥了揭露真相、促进形成公众参与机制等积极作用。在自然之友等环保NGO的要求和努力下，由国家环保总局主办的圆明园湖底防渗工程公众听证会召开。这次听证会的举行在我国环境保护的历史上具有破冰意义。参加听证会的73名代表中，来自民间环保组织的代表有近10名。自然之友代表宣读了自然之友、北京地球村等七家环保组织联名提出的五点建议。各界人士从各个不同角度对圆明园工程进行了深入的探讨和评价。随后，国家环保总局官方网站全文公布由清华大学主持的《圆明园东部湖底防渗工程环境影响报告书》。这样的公开性对于政府的环境管理工作来说也是具有创新意义的。7月7日，国家环保总局副局长潘岳向新闻界通报：总局于7月5日组织各方专家对清华大学的《圆明园东部湖底防渗工程环境影响报告书》进行了认真审查，同意该报告书结论，要求圆明园东部湖底防渗工程必须进行全面整改。解振华局长表示："以后遇到关系到公众利益和敏感的问题，环保部门都将通过听证会的形式听取各方意见，来民主决策和依法办事。"这是环保民间组织深入参与环保行动的重要事件，也是环保民间组织与政府合作的典范。

由于国家倡导科学发展观，建设生态文明和大力扶植公众的环保参与，我国环保民间组织近年来发展迅速。截至2008年10月，全国共有环保民间组织3539家，比2005年增加了771家。由政府发起成立的环保民间组织1309家，学校环保社团1382家，草根环保民间组织508家，国际环保组织驻中国机构90家，港、澳、台三地的环保民间组织约250家。其中草根环保民间组织数量增长尤为明显，三年来增加了近300家，比2005年增长近一倍。北京、广东、湖北、云南、西藏、新疆等地的草根环保民间组织发展尤为迅速。环保民间组织的办公条件有所改善，55.2%的组织拥有了专用办公场所，比2005年增长了15.2%；26.0%的环保民间组织拥有了固定的资金来源，比2005年增长2.1%。58.6%的环保民间组织都参与了节能减排工作，包括研发、推广节能减排的环保产品、向公众开展宣传教育等；11%的环保民间组织参加了环境维权工作，监督企业履行社会责任。

随着环保民间组织的壮大和发展，环保民间组织在影响政府环境政策、监督政府更好地履行环保职责、从事环境宣传教育、推动公众参与等方面都将会起到更为积极的作用，成为政府环境保护工作的有益补充。

加强宣传教育，正确处理环境群体性事件

2012年7月2日，四川什邡发生环境群体性事件。部分市民陆续在什邡市委、市政府门口聚集，反对有可能带来环境污染的宏达集团钼铜项目建设。同一天，什邡市政府发布《关于钼铜项目建设有关情况的通告》，表示坚决维护群众利益；在群众不了解、不清楚、不支持该项目的情况下，经市委、市政府研

究，决定责成企业从即日起停止建设；将组织工作组，派出干部到各镇(街道、开发区)、企事业单位、学校、农村、社区等听取广大市民对钼铜项目的意见和建议。市政府还开通了专门的咨询电话。7月3日，什邡市政府表示，以后将不再建钼铜项目。

近年来，环境群体性事件出现多发趋势。正确处理环境群体性事件，发挥民间环保组织事件处理"调节器"的功能成为政府环境保护管理工作的一个新课题。不少地方政府对如何处理好上述事件进行了探索，取得了成效。

2005年，浙江省临海市就开展了环境群体性事件的处置和预防工作。临海市政府提出，必须结合该类事件的特点，一方面要从直接原因入手启动预警机制，对于容易引发群体性事件的因素极早排查、予以整治。经过清查和汇总，市政府下发临政发[2005]155号文件，将环境污染易引发群体性事件的有关内容、存在问题及现状、整治要求、完成时间、责任单位等通知到各镇人民政府、街道办事处、市政府有关单位。这样既可以使相关政府机构明确工作重心、防患于未然；又让被点名企业或项目明确知晓政府的态度，积极做好配合；同时也使公民了解到政府的工作进度和安排，加强理解和支持。

2007年，在厦门PX风波中，当地政府表现得更多的是迅速、理智和合法。厦门市海沧PX项目，是2006年厦门市引进的一项总投资额108亿元人民币的对二甲苯化工项目。因为环境问题，该项目遭到当地社会各界的反对。厦门市政府采取了和市民积极沟通的做法：通过《厦门晚报》向市民传达自己的声音，到PX项目所在地召开专题座谈会，以试图让市民理解和接受PX项目。最后，厦门市政府通过倾听民意，然后顺应民意，暂缓PX化工项目。在厦门市民反对PX项目的和平"散步"事件发生时，厦门市政府也没有派警察干预。"散步"事件在双方都没有发生过激行为的情形下和平结束。12月13日和14日，厦门市政府开启公众参与的最重要环节——"公众参与环评座谈会"。驻厦中央级媒体包括新华社、《人民日报》、《光明日报》等，以及厦门本地媒体，获准入内旁听。整场座谈会持续四个小时，反对的声音占压倒性优势。12月16日，福建省政府针对厦门PX项目问题召开专项会议，会议决定迁建PX项目。

厦门市政府通过召开座谈会，倾听民众意见，让市民通过制度化的渠道反映意见和提出诉求，把民意纳入地方治理，使地方治理更具公共色彩。最终，厦门PX风波成为中国环境民主进程中的一个里程碑。2007年也被众多媒体誉为中国公共事件元年。

2011年12月，国家环境保护"十二五"规划提出：环保惠民，促进和谐。坚持以人为本，将喝上干净水、呼吸清洁空气、吃上放心食物等摆上更加突出的战略位置，切实解决关系民生的突出环境问题。积极引导全民参与，动员全社会参与环境保护，完善新闻发布和重大环境信息披露制度。建立健全环境保护举报制度，畅通环境信访、12369环保热线、网络邮箱等信访投诉渠道，鼓励实行有奖举报，支持环境公益诉讼。这为我国政府处理环境群体性事件提出了努力的方向。

工青妇助推环境保护和生态文明建设

工会、青年团和妇联都是具有广泛代表性、群众性和社会性的群众团体，在社会生活的方方面面起着重要的联系群众的纽带作用。因此，党中央和各级政府一直重视通过这些群众组织来加强各项社会事业包括环境保护的建设。

早在九十年代，全国妇联就开展了"三八绿色工程"。该工程成为新中国成立以来妇女参与造林绿化人数最多、领域最宽、效果最好的一项活动，有效地促进了我国的自然生态平衡和林业经济发展。随后，全国妇联又和国家环保总局共同发起了"妇女家园环境"主题宣传教育活动。1999年，全国妇联荣获联合国环境保护"全球500佳"荣誉称号。联合国环境规划署在新闻公报中称：中国妇联为中国的环境保护和绿化美化城镇做出了贡献。

2003年世界环境日到来之际，全国妇联和国家环保总局共同开展营建绿色家庭系列活动，向全国3.4亿家庭发出倡议：积极行动起来，以崇尚简约为荣，节能节水，保护资源；使用绿色产品，认识并防范各种化学污染；树立绿色消费观念，减少一次性产品选购和消费，抵制白色污染；养成良好卫生习惯，清洁生产，关爱健康，珍惜生命；注重对子女的环境教育，增强其环境意识，使他们从小养成文明健康、珍惜环境的生活习惯；养成良好的环境道德，遵守公民道德行为规范，为环境保护做出积极贡献。

2005年6月，中共中央政治局举行第二十三次集体学习。胡锦涛强调，要加强节约能源资源的宣传教育，开展形式多样的节约能源资源活动，提高人民群众特别是广大青少年的能源资源意识和节约意识，努力使节约能源资源成为全体公民的自觉行动。按照中央的要求，2006年6月11日至17日，国家环保总局、中华全国总工会和共青团中央等多家单位联合举办2006年全国节能宣传周活动，宣传"十一五"单位国内生产总值能耗降低的重要性和艰巨性，宣传国家有关节能的方针政策、法律法规和标准规范，宣传国家《节能中长期专项规划》和十大重点节能工程，查处和曝光严重浪费能源的行为等等。

2007年以来，国家环保总局和企业家联合会、共青团等组织合作，相继召开了绿色财富（中国）论坛暨节能减排与企业家的社会责任系列研讨交流会、"节能减排大学生在行动"中华环保基金会大学生环保公益资助活动、中国国际建设环境友好型社会成果展览会、绿色建筑与建筑节能大会等等。2010年6月4日，环境保护部举行了2010年"6·5"世界环境日纪念大会——青年环境友好使者推动全民低碳减排暨"节能减排·保护环境"特种邮票首发仪式。6月5日，环境保护部和新华社共同打造的环境资讯电视栏目"环境"正式推出。

2011年4月22日，为贯彻落实"十二五"规划和国家"十二五"环境保护工作部署，环境保护部、中央宣传部、中央文明办、教育部、共青团中央、全国妇联等六部门联合编制了《全国环境宣传教育行动纲要（2011—2015年）》。《行动纲要》分析了环境宣传教育的现实情况，提出了环境宣传教育行动总体目标和基本原则、要求落实6项行动任务和5项保障措施，突出地把加强环境宣传教育工作、增强全社会的环境保护意识放到更加重要的位置。这一系列的宣传措施为推动建立全民参与环境保护的社会行动体系，为加快建设资源节约型、环境友好型社会，提高生态文明水平营造了良好的舆论氛围和社会环境。

第四章　百尺竿头：
自然生态环境建设成绩斐然

自然生态环境的保护与建设，是生态建设的一个重要组成部分。进入新世纪以来，中央及地方各级政府高度重视自然生态环境保护工作，坚持以科学发展观为指导，科学规划、多头并举、系统推进，在自然保护区建设、生物多样性保护、生态系统保护与建设、防御自然灾害防灾减灾以及城市环境治理与防污控污等工作中，取得了显著成绩，开创了经济社会与生态建设和谐发展的新局面。

第一节　自然保护区建设再创佳绩

2012年8月21日，国务院批准新建河北青崖寨、山西黑茶山、内蒙古古日格斯台、辽宁章古台、吉林靖宇、吉林黄泥河、黑龙江绰纳河、黑龙江友好、黑龙江小北湖、福建雄江黄楮林、江西齐云山、江西阳际峰、湖北木林子、湖北咸丰忠建河大鲵、广东石门台、广东南澎列岛、广西崇左白头叶猴、重庆阴条岭、四川诺水河珍稀水生动物、四川黑竹沟、四川格西沟、云南云龙天池、云南元江、陕西韩城黄龙山褐马鸡、陕西

95

太白湑水河珍稀水生生物、陕西紫柏山、甘肃太子山等27处国家级自然保护区。并将27处自然保护区的面积、范围及功能区划予以发布。

自然资源和生态环境是人类赖以生存和发展的基本条件。人类在长期的社会实践中，认识到保护好自然资源和生态环境，对人类的生存和发展具有极为重要的意义。保护自然资源和生态环境的一项重要措施是建立自然保护区，自然保护区建设已成为衡量一个国家进步和文明的标准之一。自然保护区是保护生物多样性、建设生态文明的重要载体。建立自然保护区是保护生态环境、自然资源的有效措施，是加快转变经济发展方式、实现可持续发展的积极手段。国家把建立自然保护区作为保护生态环境的重要措施。通过保护有典型意义的生态系统、自然环境、地质遗迹和珍稀濒危物种，以维持生物的多样性，保证生物资源的持续利用和自然生态的良性循环，这对有13亿人口、农业在国民经济中占重要基础地位的中国来说显得尤为重要。

自然保护区网络基本形成

1956年我国建立了第一个自然保护区——广东肇庆鼎湖山自然保护区。在近60年的时间内，特别是80年代以来，自然保护区事业发展很快，在全国初步建成一个类型比较齐全的自然保护区网络。全国85%的陆地生态系统类型，85%的野生动物种群和65%的天然植物群落类型都得到保护，特别是大熊猫、朱鹮、亚洲象、扬子鳄、珙桐、苏铁等国家重点保护的珍稀濒危野生动植物及其栖息地，都在各类保护区内得到保护和恢复。国家在江河源头区、重要水源涵养区、江河洪水调蓄区、防风固沙区以及其他具有重要生态功能的区域开展生态功能保护区建设，在东江源、洞庭湖、秦岭山地等18个典型区域开展国家级生态功能保护区试点。内蒙古、黑龙江、江西、湖北、湖南、甘肃、青海等省（自治区）开展了地方级生态功能保护区建设。

截至2009年底，林业系统自然保护区数量达到2012处，面积12288.2万公顷，约占国土面积的12.8%。国家级自然保护区247处，面积7701.17万公顷；已建成各类海洋保护区170多处。其中，国家级海洋自然保护区32处，地方级海洋自然保护区110多处。海洋特别保护区30多处，其中国家级16处；已建立水生生物自然保护区200多处。其中国家级16处，省级52处，市（县）级130多处，总面积10万多平方千米，保护区保护的国家重点保护水生野生动物数量占应保护物种的40%；已建设国家级农业野生植物资源原生境保护区118个，有效保护了濒危、珍稀农业生物物种资源，为推动农业生物技术发展提供战略储备。

到2006年6月，经中国政府审定命名的风景名胜区有677个，其中国家重点风景名胜区187个。泰山、黄山、峨眉山—乐山、武夷山、庐山、武陵源、九寨沟、黄龙、青城山—都江堰、三江并流等国家重点风景名胜区和一批自然保护区，分别列入联合国教科文组织《世界遗产名录》或《国际人与生物圈保护区网络》、《国际重要湿地名录》。全国建有各类森林公园数量超过1900处，其中国家森林公园627处。全国共有85个国家地质公园，其中安徽黄山、江西庐山、河南云台山、云南石林、广东丹霞山、湖南张家界、黑龙江五大连池和河南嵩山等八家地质公园首批进入世界地质公园网络名录。

截至2011年底，全国（不含香港、澳门特别行政区和台湾地区）已建立各种类型、不同级别的自然保护区2640个，总面积约14971万公顷，其中陆域面积约14333万公顷，占国土面积的14.9%。其中，国家级自然保护区335个，面积9315万公顷。截至2010年，有28处自然保护区加入联合国教科文组织"人与生物圈保护区网络"，有20多处自然保护区成为世界自然遗产地组成部分。初步形成了类型比较齐全、布局比较合理的全国自然保护区网络，这对保护自然资源和生态环境，特别是保护珍稀濒危物种发挥了重要作用。

此外，我国还建立了多处国家级水产种质资源保护区，以加强对国家水产资源的保护。划定水产种质资源保护区是协调经济开发与资源环境保护的有效手段，对于减少人类活动的不利影响、缓解渔业资源衰退和水域生态恶化趋势具有重要作用，取得了良好的生态效益和社会效益。自2007年12月农业部公布国家级水产种质资源保护区（第一批）开始，迄今全国共有五批282处国家级水产种质资源保护区。这些保护区分布于长江、黄河、黑龙江、珠江等水系的江河、湖库，以及渤海、黄海、东海和南海的相关海湾、岛礁、滩涂等水域，可保护上百种国家重点保护渔业资源及其产卵场、索饵场、越冬场、洄游通道等关键栖息场所10多万平方公里，初步构建了覆盖各海区和内陆主要江河湖泊的水产种质资源保护区网络。2011年，《水产种质资源保护区管理暂行办法》颁布实施。明确了水产种质资源保护区的设立条件、报批程序、主管部门、管理机构和主要职责，规定了保护区内禁止或限制从事的活动，进一步完善了涉及保护区工程建设项目的环境影响评价程序。

自然保护区管理更加规范

在自然保护区综合管理规范化、制度化方面，2008年7月，环境保护部和中国科学院联合发布了《全国生态功能区划》（环境保护部2008年第35号公告），划出了216个生态功能区，确定了50个对保障国家生态安全具有重要意义的区域，分析了各类生态功能区的生态问题、生态保护、限制措施。9月环境保护部印发了《全国生态脆弱区保护规划纲要》（以下简称《纲要》）。《纲要》明确了生态脆弱区的概念、基本特征，划分出8大生态脆弱区，明确了下一步生态脆弱区的重点建设任务和优先领域。

2008年，完善国家级自然保护区评审机制，修订《国家级自然保护区建立申报书》和《国家级自然保护区范围和功能区调整申报书》。环境保护部联合国家发展和改革委员会、国土资源部、水利部、农业部、国家林业局、国家海洋局等部门印发了《关于加强自然保护区调整管理的通知》，要求不得随意调整保护区，地方级保护区调整要报省政府批准。2009年，环保部印发了《国家级自然保护区规范化建设管理导则》（试行），2010年，国务院办公厅颁布了《关于做好自然保护区管理有关工作的通知》，进一步规范了对自然保护区的管理。每年度，环境保护部联合国土资源部、水利部、农业部、国家林业局、中国科学院和国家海洋局等部门对50处国家级自然保护区进行了管理评估。加强涉及自然保护区开发建设活动的监督管理，利用环境小卫星对拟晋升和调整的国家级自然保护区进行了遥感监测和实地核查，对一批涉及自然保护区的开发建设项目进行审查，对一些涉及国家级自然保护区的违规事件进行调查处理。

2011年，环境保护部印发了《关于认真落实〈国务院办公厅关于做好自然保护区管理有关工作的通知〉的通知》。组织开展国家级自然保护区评审，向国务院提出了新建和调整自然保护区的审批建议。经国务院批准，新建16处国家级自然保护区，批准调整6处国家级自然保护区的范围。组织开展了2011年国家级自然保护区能力建设专项资金项目的申报和筛选，中央财政安排资金1.5亿元支持69处国家级自然保护区能力建设。环境保护部联合国土资源部、水利部、农业部、国家林业局、中国科学院和国家海洋局等部门对重庆、四川、云南、西藏、贵州等5个省（自治区、直辖市）的59处国家级自然保护区进行了管理评估。

第二节　生物多样性保护工作成效显著

中国幅员辽阔、海域宽广，自然条件复杂多样，孕育了极其丰富的物种资源和复杂多样的生态系统。《中国环境状况公报》[①] 数据显示，中国是世界上生物多样性最为丰富的12个国家之一。在拥有丰富的生物资源的同时，也应看到，我国生

[①] 数据参考环境保护部2001—2012年发布《中国环境状况公报》中有关数据。

物多样性形势不容乐观，具体表现在，部分生态系统功能不断退化。物种濒危程度加剧。遗传资源不断丧失和流失，外来入侵物种危害严重等问题。针对上述面临的形势和问题，我国政府在生物多样性保护、湿地生物多样性保护、农业野生物种资源保护、外来入侵生物防治等方面做了大量卓有成效的工作。

加强生物多样性保护工作的领导和规划

2003年8月，经国务院批准，国家环保总局会同16个部委组成生物物种资源保护部际联席会，协调加强生物物种资源保护工作；同时成立了由17位专家组成的"国家生物物种资源保护专家委员会"。2006年，国家环保总局会同生物物种资源保护部际联席会议成员单位完成《全国生物物种资源保护与利用规划》的编制工作，组织起草了《生物遗传资源管理条例》，国家知识产权局开展了《专利法》的修订工作，增加专利申请时要披露生物遗传资源来源的内容。国家质检总局开展了《出入境生物物种资源检验检疫管理办法》的起草工作。国家环保总局联合教育部、农业部、林业局、中科院、中医药局等部门继续开展的全国生物物种资源重点调查取得一系列重要成果，初步建立国家生物物种资源数据库。国家知识产权战略研究中"生物资源的知识产权问题研究"完成阶段性目标。

2008年，继续开展全国生物物种资源重点调查项目，修改完善"全国生物物种资源重点调查项目调查规范"。开展全国生物多样性评价试点工作，一批濒危野生动物物种得到有效保护，国家重点保护野生动物数量总体呈上升态势。全国圈养大熊猫种群数量已达到268只；朱鹮突破1000只；东北虎野外活动更加频繁，栖息范围有所扩展。朱鹮、麋鹿、野马、扬子鳄等濒危物种放归自然工作稳步推进。针对野生生物保护工程重点物种和极小种群野生植物，开展了一系列拯救保护试点项目，巧家五针松、落叶木莲等极度濒危野生植物的野外生存状况有所改善。

2010年，在继续巩固15个野生动植物物种拯救保护成果的基础上，对近80种珍稀濒危野生动物强化了野外巡护、监测并实施了栖息地恢复试点，促进环境的优化。继续强化大熊猫、朱鹮、金丝猴、鹤类等珍稀濒危野生动物人工繁育，250多种野生动物经人工繁育种群持续扩大，其中，大熊猫圈养数量达到312只、朱鹮种群总数由800余只增长到约1600余只。继续进行麋鹿、野马放归自然的工作，并开展了塔里木马鹿、黄腹角雉放归自然的工作。为进一步加强野生植物保护，2010年继续开展对极小种群野生植物的拯救保护，推进苏铁、兰科植物等濒危野生植物的野外回归试验项目。

制定实施《中国生物多样性保护战略与行动计划》，是我国加强生物多样性保护的一项战略性决策。《战略与行动计划》编制工作由环境保护部牵头，中国履行《生物多样性公约》工作协调组组织20多个部委共同参与。于2007年4月启动，历时4年。2010年5月18日，李克强主持召开2010国际生物多样性年中国国家委员会全体会议，审议通过了《战略与行动计划》。2010年9月15日，温家宝总理主持召开国务院常务会第126次会议，审议并原则通过了《战略与行动计划》。2010年9月17日，《战略与行动计划》正式发布。"2010国际生物多样性年中国国家委员会"正式更名为"中国生物多样性保护国家委员会"，李克强任主席。启动全国生态环境十年变化（2000—2010年）遥感调查与评估项目。认真做好自然保护区管理工作，进一步规范生态建设示范区管理。全国已有15个省份、1000多个地区开展生态省、市、县创建工作。

农业野生物种资源保护稳步推进

2006年，农业部组织开展江西等10省农业野生植物资源调查。调查的野生植物达1700多种（次），采集、鉴定并制作植物标本2200多份，掌握了部分野生植物资源的地理分布现状。加强农业野生植物研究和利用，确定雷州半岛和海南北部为中国普通野生稻的遗传多样性中心；研究形成了61份可以代表中国野生大豆71%的遗传多样性的微核心种质材料，构建了野生大豆、野生稻和小麦近缘野生植物数据库（包括6708份野生大豆、4113份小麦近缘野生植物、7324份野生稻）。优异资源鉴定评价与基因定位与克隆研究也取得丰硕成果。2008年，农业部重点调查了27个农业野生植物资源状况，调查范围涉及22个省（直辖市、自治区）的363个县（市），调查内容包括物种地理分布及面积、生态环境、种群数量、种类、濒危状况等基本信息，对894个重要分布点进行了GPS定位，抢救收集各类农业野生植物资源1081份（次），发现了一批重要或珍贵的农业野生植物资源。新建农业野生植物原生境保护点22个。通过鉴定评价，获得了7份优质野生稻资源和8份野生大豆资源，定位、克隆了一批高产、抗逆和养分高效吸收的基因。2009年，农业部组织各省（自治区、直辖市）农业部门对黄芪、蒙古口蘑（白蘑）、柱筒枸杞、小米椒、苦丁茶、兰科（所有属所有种)、百合科百合属(所有种)等143个物种进行了系统调查，共发现2028个分布点，进行了GPS定位；分别对野生稻、野生大豆、小麦野生近缘植物、野生茶树、野生桑树、野生苎麻和野生柑橘类植物13个物种进行了抢救性收集，共收集各类资源1311份(次)，妥善保存于国家种质库或种质圃中，为新基因发掘奠定良好的物质基础。

2011年，农业部在全国24个省市组织开展了野生稻、野生茶树、野生苎麻和野生柑橘等野生植物的全面系统调查，对1326个分布点进行了GPS定位，抢救性收集各类农业野生植物资源1078份(次)，调查发现了3个野生稻新分布点和2个野生苎麻新类型。组织省级农业环保部门从事农业野生植物原生境保护的工作人员，对安徽、重庆、湖南等9省市2006—2008年承担的农业野生植物原生境保护点建设项目进行了检查，综合评估了保护效果。

增殖放流及休渔禁渔工作进展顺利

2012年7月24日，山东省威海市在阴山湾人工鱼礁海域放流了71万尾牙鲆鱼苗。仅2012年上半年，威海市全市已放流中国对虾、日本对虾、梭子蟹、海蜇、牙鲆、黑鲷等品种12.3亿单位。这只是我国开展增殖放流工作的一个缩影。

历年来，农业部和各地政府及渔业部门都非常重视增殖放流这项工作，每年都组织开展大规模的增殖放流活动。2008年，全国共计增殖鱼、虾、贝等苗种计197亿尾(粒)，投入资金3.11亿元，分别比上年增加17.8%和1.0%，其中近海海域增殖放流经济苗种57亿尾(粒)，内陆水域增殖放流经济苗种140亿尾（粒）。2009年，农业部发布《水生生物增殖放流管理规定》，全国投入增殖放流资金5.9亿元，增殖放流各种鱼类、虾蟹类、贝类等共计245亿尾，举办了12次水生生物增殖放流活动，引导带动全国各地共实施增殖放流活动上千次。2011年，农业部共与16个省（自治区、直辖市）联合开展了17次放流活动，各地举办的各类水生生物增殖放流活动达1700余次，投入增殖放流资金8.4亿元，放流重要水生生物苗种达296亿尾，其中放流海洋经济物种150.8亿尾、淡水经济物种145亿尾，珍稀濒危物种1800多万尾。海洋经济物种主要包括中国对虾、竹节虾、长毛对虾、斑节对虾、海蜇、梭子蟹、牙鲆、真鲷、黑鲷、梭鱼、笛鲷类、大黄鱼等。淡水经济物种主要包括鲢、鳙、青鱼、草鱼、鲤、鲫、鳊、鲂、翘嘴鲌、中华绒螯蟹、细鳞斜颌鲴等。珍稀濒危水生野生动物主要包括中华鲟、史氏鲟、达氏鳇、胭脂鱼、海龟、大鲵、青海湖裸鲤等。2011年，农业部制定并出台了《全国水生生物增殖放流总体规划（2011—2015）》，更加科学地协调了生态保护与经济效益的关系，必将有效地促进生态保护。

休渔禁渔制度进一步完善。2012年是中国实施伏季休渔制度的第18个年头，北纬35度线以北的黄海和渤海海域伏季休渔期从6月1日中午12时开始至9月1日12时结束。黄渤海渔区的近5万艘渔船又可以出海捕鱼。2009年，黄渤海、东海和南海海域的休渔时间统一向前延长了半个月，休渔作业类型统一为除单层刺网和钓具外的所有作业类型。2009年，休渔的海洋捕捞机动渔船数量达11万艘，休渔渔民数量近100万人。印发《关于加强2009年长江禁渔期管理工作的通知》，组织开展2009年长江禁渔期执法检查行动。沿江10省（自治区、直辖市）共组织开展执法检查行动5340次，出动检查船艇7408艘次，参加检查人员70032人次，共查获违禁捕捞船2112艘次。2011年，黄渤海区和东海区刺网渔船全部纳入休渔管理，休渔时间与现有拖网等作业方式相同，为两个半月至三个半月。海洋伏季休渔期间，三个海区近15万艘海洋捕捞渔船休渔，基本做到"船进港，网封存，证集中，人上岸"，没有发生大规模的违规和严重暴力抗法事件，基本实现了安全度休的管理目标。珠江禁渔首次实施取得成功。珠江禁渔期制度涉及流域广东、广西、云南、贵州、湖南和江西的37个市（州）近200个县，禁渔渔船28367艘、渔民114426人。制度实施后，5月鱼苗平均密度较上年同期增加23.2%，单船渔获量同比增长20%—30%。2011年，沿江六省区水产品总产量同比增长4.0%，渔民人均纯收入同比增长13.2%。

此外，长江禁渔十年成效显著。10年来，在沿江各级政府、渔业部门、渔民群众和社会各界的广泛支持下，禁渔范围已扩展至沿江11个省市，禁捕渔船达5万艘、渔民18万人。长江禁渔取得显著成效，在保护资源环境、扩大社会影响、锻炼渔政队伍、创新养护制度等方面发挥了重要作用。

外来入侵生物防治成效显著

在遭遇历史罕见特大干旱的背景下，外来入侵生物紫茎泽兰在贵州却呈扩散蔓延态势。为有效遏制紫茎泽兰扩散蔓延，保障农牧业生产安全和生态安全，贵州采取积极措施防控紫茎泽兰，力争通过3到5年的综合治理，基本消除紫茎泽兰对农牧业生产的危害。紫茎泽兰又名破坏草、飞机草，是一种分布广泛危害极大的恶性杂草。上世纪50年代从东南亚自边境侵入我国，随后传入云南、贵州、四川、广西等省区。据统计，到2005年贵州省紫茎泽兰面积已达687万公顷，平均每年以60公顷速度扩展。紫茎泽兰入侵地区，绞杀本土植物，对生物多样性构成严重威胁，危害严重的区域已丧失农牧业生产功能，对贵州农牧业、林业生产造成严重影响，其中危害最为严重的是草地和草地畜牧业，牧草因此每年减产12亿公斤以上，直接经济损失4.8亿元。从发生区域看，其发生区与草地养羊重点区、石漠化严重区极大重叠。据统计，全省种草养畜试点县和石漠化治理试点县有22个是紫茎泽兰发生区，其中17个县是重灾区。这是外来动植物入侵我国对生态产生破坏的一个场面。2006年，在全国26个国家级自然保护区开展了外来有害入侵物种调查。结果表明，26个自然保护区均有外来有害入侵物种，共计131种。岛屿、热带地区等低纬度地区危害较为严重、危害种类较多，高纬度地区危害较轻、危害种类较少；紫茎泽兰仍是目前中国西南地区最为严重的外来入侵有害物种。

为此，2003年，农业部成立了"农业部外来入侵生物管理办公室"和"农业部外来入侵生物预防与研究控制中心"，并在辽宁全省、云南省开远市、腾冲县及四川省西昌市、宁南县和攀枝花市仁和区（"一省五县"）全面展开以豚草、紫茎泽兰为重点的外来入侵生物灭毒除害试点行动。"一省五县"全年共动员社会各界近800万人次参与豚草和紫茎泽兰的铲除活动，铲除豚草约192亿株，涉及区域86万多公顷，重点部位豚草铲除率达到80%以上；铲除紫茎泽兰4000多公顷。

多年来，农业部指导各地积极采取措施，开展外来入侵物种的防治工作。2006年，组织实施"十省百县"外来入侵生物灭毒除害行动，重点对豚草、一支黄花、紫茎泽兰等8种危害严重的外来入侵生物进行集中铲除，铲除面积达1443万亩，建立综合防治示范区53万亩。2008年，农业部在北京、天津、河北、内蒙古、辽宁、浙江、安徽、江西、山东、河南、湖北、湖南、广西、四川、云南等15个省（直辖市、自治区）开展外来入侵物种灭毒除害行动，全年动员各界力量550多万人次，对豚草等14种重大农业外来入侵物种进行了"灭毒除害"大行动，共铲除（灭除）外来入侵生物3200多万亩次，防除效果达到了75%以上。同时，重点对黄顶菊、薇甘菊、福寿螺等22种具有重大危害的农业外来入侵物种进行了全面普查，并建立和完善427种外来入侵物种的信息数据库。2009年，农业部组织并指导全国17个省市开展刺萼龙葵、水花生、黄顶菊、薇甘菊、福寿螺等15种重大危险农业外来入侵生物灭毒除害、技术示范推广行动，共铲除（防治）外来入侵生物241万公顷；完成紫茎泽兰等18种重大入侵生物全国普查，完善全国外来入侵生物数据库；制定黄顶菊、薇甘菊等10种外来入侵生物监测预警技术规程。2011年，农业部重点组织开展了薇甘菊、黄顶菊、加拿大一枝黄花、水花生、水葫芦、豚草、福寿螺等10种重点外来入侵生物的普查和集中灭除；制定发布了6项外来入侵生物监测行业技术标准；全年动员各级人员334万人，防治外来入侵生物90多万公顷，总体防控效果达到75%以上。通过灭毒除害行动，直接增收4亿元，间接经济效益达45亿元。

积极开展公约履约与国际合作

2005年4月27日，国务院批准加入《卡塔赫纳生物安全议定书》（以下简称《生物安全议定书》），核准文件于2005年6月8日交存联合国总部，《生物安全议定书》已于2005年9月6日对中国生效，中国正式成为《生物安全议定书》缔约方。2005年5月30日至6月3日，《生物安全议定书》缔约方的第二次会议在加拿大蒙特利尔召开。由国家环保总局、外交部、科技部、商务部、农业部、国家质检总局、中科院、中国政法大学和香港特别行政区政府派员组成的中国代表团积极参与了会议的各项议程。2006年3月，中国政府代表团出席了在巴西召开的《生物多样性公约》第八次缔约方大会和《生物安全议定书》第三次缔约方会议。《生物多样性公约》第八次缔约方大会重点对岛屿生物多样性、干旱和半湿润地区生物多样性、全球生物多样性分类倡议、遗传资源获取和惠益分享、第8（j）条及相关条款以及宣传、教育和公众意识等议题进行深入审议，并通过了34项决定。中国首次以缔约方身份参加了《生物安全议定书》第三次缔约方大会，在边会上，GEF/UNEP《中国国家生物安全框架实施项目》获得奖牌。国家环保总局还联合有关部门制定了《履行<卡塔赫纳生物安全议定书>国家方案》。

2006年，中国启动"中国生物多样性伙伴关系框架项目"和"中国—欧盟生物多样性项目"。中国生物多样性伙伴关系框架项目，是由国家环保总局、财政部牵头，申请全球环境基金赠款支持的一个中长期项目，旨在通过建立全面、综合、系统的生物多样性保护合作机制。中国—欧盟生物多样性项目，是中国政府和欧盟在生物多样性领域最大的合作项目，旨在通过加强中国履行《生物多样性公约》能力建设，建立生物多样性保护信息和监测体系，扩大生物多样性保护宣传，推动中国生物多样性保护相关政策和法律体系建设。

制定并出台了《中国生物多样性保护战略与行动计划（2011—2030年）》，2011年3月，组织召开两次履行《生物多样性公约》工作协调组联络员会议，审议《关于实施<中国生物多样性保护战略与行动计划>（2011—2030年）任务分工》，推动落实战略与行动计划。2011年5月，在陕西西安主办了更新国家战略和行动计划亚洲区域研讨会。2011年6月，国务院批准成立了"中国生物多样性保护国家委员会"，李克强副总理任主席，25个部门的主管领导任成员，作为生物多样性保护的长效工作机制，统筹协调全国生物多样性保护工作，指导"联合国生物多样性十年中国行动"。2011年，为推动落实《中国生物多样性保护战略与行动计划（2011—2030年）》，开展了云南、贵州和广西3省（自治区）生物多样性保护优先区生物物种资源本底调查，生物多样性保护、恢复与减贫试点示范和进出境生物物种资源管理调研与督察，启动了中东部地区种质资源库建设。通过开展国际交流与合作，借鉴国外在生物多样性保护工作的先进经验，不断总结我国在生物多样性保护工作的经验教训，有力的促进了我国生物多样性保护工作进入了一个新阶段。

第三节 生态系统保护与建设进展顺利

保护生态环境，不断改善生产生活环境，共同建设美丽的地球家园，是13亿中国人民的福祉所在，也是人类共同利益的重要体现。进入新世纪，党中央带领全国人民进一步加强了保护生态环境与建设的力度，在湿地保护、造林绿化、草原保护、退耕还林还草、水土保持、防沙治沙以及海洋环境保护等领域，取得了显著成绩。

湿地与森林保护成效显著

湿地是人类最重要的环境资本之一，也是自然界富有生物多样性和较高生产力的生态系统，它与海洋、森林并称为地球三大生态系统。它不但具有丰富的资源，还有巨大的环境调节功能和生态效益。各类湿地在提供水资源、调节气候、涵养水源，均化洪水、促淤造陆、降解污染物，保护生物多样性和为人类提供生产、生活资源方面发挥了重要作用。中国是湿地资源大国，世界各种类型的湿地在中国都有，中国还拥有世界上独特的高原湿地。拥有湿地，利用湿地，进而更好地保护湿地，在这方面，中国政府做了大量工作，2004年，中国湿地保护的基础工作明显加强。国务院办公厅发出了《关于加强湿地保护管理的通知》，召开了全国湿地保护管理工作会议。黑龙江、甘肃和江西等省制定了地方湿地保护法。9个相关部门共同编制了《全国湿地保护工程实施规划（2005—2010年）》，计划使中国50%的自然湿地得到有效保护。2005年，湿地立法取得较大进展，湿地保护管理机构建设得到加强。积极实施湿地保护工程，加强自然保护区建设和湿地公园建设。2005年国务院批准《全国湿地保护工程实施规划》。积极履行《湿地公约》，促进湿地保护。2005年11月8—15日，中国政府代表团出席了在乌干达首都坎帕拉召开的《湿地公约》第九届缔约方大会（COP9），中国成功当选为《湿地公约》常委会成员及财务小组成员，这是中国自1992年加入《湿地公约》以来首次成为常务理事国。2005年5月，中国与《湿地公约》秘书处合作在北京成功举办了《湿地公约》亚洲区域会议。 国家颁布了《中国湿地保护行动计划》，编制实施《全国湿地保护工程规划（2002—2030年）》、《全国湿地保护工程实施规划（2005—2010年）》。到2006年6月，全国共有湿地自然保护区473处，总面积达4346万公顷。全国纳入自然保护区得到有效保护的自然湿地近45%，洞庭湖、鄱阳湖、扎龙等30块湿地列入国际重要湿地名录，面积达346万公顷。一批重要湿地面积得到稳定和扩展，生态功能得到恢复和改善，湿地面积快速减少的趋势得到有效遏制。城市湿地资源保护得到重视和加强，国家批准了10个城市湿地公园。2011年，实施全国湿地保护工程项目42个，新增湿地保护面积33万公顷，恢复湿地2.3万公顷，新增4处国际重要湿地和68处国家湿地公园试点。截至2011年底，国际重要湿地达41处，面积为371万公顷，湿地示范区面积达到349万公顷。

进入新世纪以来，我国在森林保护、造林绿化工作方面，进一步加强科学规划，加大人力、物力投入，完善制度建设，进一步规范管理，森林资源保护工作和植树造林绿化工作，可圈可点，成绩斐然。（1）森林资源保护工作日趋规范。森林资源概况根据第七次全国森林资源清查（2004—2008）结果，全国森林面积19545.22万公顷，森林覆盖率20.36%。活立木总蓄积149.13亿立方米，森林蓄积137.21亿立方米。森林面积列世界第5位，森林蓄积列世界第6位，人工林面积继续保持世界首位。基本完成省级林地保护利用规划编制，县级林地保护利用规划编制和林地落实工作稳步推进。下发了《占用征收林地定额管理办法》，修订了《林木和林地权属登记管理办法》，规范了外资使用林地管理。出台了《商品林采伐限额结转管理办法》，开展了木材运输检查执法监督年活动，制定了《森林增长指标考核评价实施方案》，启动了200个县级单位森林可持续经营管理试点。对559个县级单位进行了执法检查和专项监测，首次在80个县开展了保护发展森林资源目标责任制建立和执行情况检查。(2) 造林绿化工作顺利推进。国家确立以生态建设为主的林业发展指导方针，开展大规模植树造林，加强森林资源管理，启动森林生态效益补偿制度，营造林面积自2002年以来连续四年超过667万公顷。近年来，森林面积和森林蓄积量迅速增加，林龄结构、林相结构趋于合理，森林质量趋于提高，实现了由持续下降到逐步上升的历史性转折。到2006年6月，全国森林面积达1.75亿公顷，森林覆盖率达18.21%，森林蓄积量达124.56亿立方米。国家重视林业生态工程建设。从1998年起，中国开展了天然林资源保护工程、退耕还林工程、"三北"（东北、华北、西北）及长江流域等防护林体系建设工程、京津风沙源治理工程、野生动植物保护及自然保护区建设工程和重点地区速生丰产用材林基地建设工程等。"十五"期间，天然林资源保护工程共营造生态公益林800

万公顷，9333万公顷森林资源得到休养生息；退耕还林工程共完成造林2133万公顷，其中生态退耕538万公顷，荒山荒地造林1200万公顷，封山育林133万公顷；京津风沙源治理工程共完成各项治理任务达667万公顷；"三北"和长江流域等重点防护林工程造林341万公顷，新封山育林346万公顷。2011年，国家天然林资源保护工作二期正式启动，全国共完成造林面积613.8万公顷，同比增长3.9%。(3) 城市园林绿化成效明显。截至2011年底，城市建成区绿化覆盖面积171.9万公顷，建成区绿化覆盖率由上年的38.6%上升至39.4%；建成区绿地面积154.6万公顷，建成区绿地率由上年的34.5%上升至35.5%。全国拥有城市公园绿地面积48.2万公顷，人均公园绿地11.8平方米，比上年增加0.6平方米。

草原保护工程多头并举

2012年8月31日，《辽宁日报》报道，从2012年起，辽宁省6个国家级半牧县（康平县、彰武县、阜新蒙古族自治县、北票市、喀喇沁左翼蒙古族自治县、建平县）被纳入到国家草原生态保护补助奖励政策实施范围。国家1.45亿元补助奖励资金已拨付到省，预计2013年年初各项补助奖励资金全部下发到农牧民手中。据悉，国家草原生态保护补助奖励政策的补贴内容主要包括：按照每年每亩6元的测算标准，对禁牧牧民给予禁牧补助；按照每年每亩10元的标准，给予牧草良种补贴；按照每年每户500元的标准，对牧民生产用柴油、饲草料等生产资料给予补贴。 这对于保持和恢复草原生态，保障牧区人民生产、生活，又是一个利好信息。

据统计，全国草原面积近4亿公顷，约占国土面积的41.7%，是全国面积最大的陆地生态系统和生态安全屏障。内蒙古、新疆、青海、西藏、四川、甘肃、云南、宁夏、河北、山西、黑龙江、吉林、辽宁等13个牧区省（自治区）共有草原面积3.37亿公顷，占全国草原总面积的85.8%；其他省份有草原面积0.56亿公顷，占全国草原总面积的14.2%。

为加强草原的生态建设和规划管理，草原保护工作战略重点实现由经济目标为主向"生态、经济、社会目标并重，生态优先"的转变，草原植被得到有效恢复，草原生态环境逐步好转。国家对草原保护建设的投入持续增加，2000—2005年中央财政共投入资金90多亿元人民币，实施了天然草原植被恢复与建设、草原围栏、牧草种子基地、退牧还草、京津风沙源治理工程草原生态建设等项目，取得了良好的生态、经济和社会效益。此后，中央和地方政府在推动草原保护工程中分工负责，系统推进，有力地促进了草原保护工作。(1) 实施草原生态保护补助奖励机制政策。2011年，中央安排136亿元财政资金在内蒙古、新疆、甘肃、青海、宁夏、西藏、云南、四川及新疆生产建设兵团实施草原生态保护补助奖励机制政策。按照目标、任务、责任、资金"四到省"和任务落实、补助发放、服务指导、监督管理、建档立卡"五到户"的基本原则，对牧民实行草原禁牧补助、草畜平衡奖励、牧民生产资料补贴等政策措施。截至2011年底，各省区共实施草原禁牧面积8066.7万公顷；推行草畜平衡面积17066.7万公顷；落实享受牧民生产资料补贴牧户198.7万户；中央财政补奖资金已全部拨付到省，各地经过核查与村级公示等规定程序后陆续向牧户发放，享受到补奖政策的农牧民达到1056.74万户。(2) 实施草原保护建设工程。2011年，在内蒙古、四川、甘肃、宁夏、西藏、青海、新疆、贵州、云南及新疆生产建设兵团实施退牧还草工程，中央财政投入20亿元资金，建设草原围栏450.4万公顷，对严重退化草原实施补播145.9万公顷，建植人工饲草地4.7万公顷，建设舍饲棚圈6.2万户。在北京、内蒙古、山西、河北实施京津风沙源草地治理工程，中央投资2.56亿元资金，治理草原9.1万公顷，建设牲畜棚圈116万平方米，为农牧民配置饲草料加工机械8330台套。在内蒙古、四川、西藏、云南、甘肃、青海、新疆及新疆生产建设兵团实施游牧民定居工程，中央投入17亿元资金，帮助6.8万户牧民实现定居。在湖北、湖南、广西、重庆、四川、云南、贵州实施岩溶地区石漠化综合治理试点工程，治理草原1.86万公顷，建设棚圈38.8万平方米，建设青贮窖9.6万立方米，配置饲草料机械4010台套。(3) 加强草原执法监督。2011年，全国各类草原违法案件发案17245起，立案16508起，立案率为95.7%；共破坏草原12117.1公顷，买卖或者非法流转草原4842.3公顷。与上年相比，草原违法案件发案数下降15.7%，立案率提高0.5个百分点；破坏草原面积减少3449.6公顷，下降22.2%。

2011年，全国天然草原鲜草总产量达100248.26万吨，较上年增加2.68%；折合干草约31322.01万吨，载畜能力约为24619.93万羊单位，均较上年增加2.53%。全国23个重点省（自治区、直辖市）鲜草总产量达93043.29万吨，占全国总产量的92.81%，折合干草约29105.10万吨，载畜能力约为22877.38万羊单位。

土地保护、整治与防沙治沙工作稳步推进

国家把保护耕地作为一项基本国策，实行严格的耕地保护政策。国家划定基本农田保护区，为确保粮食安全提供重要基础。同时，建立土地用途管制制度，严格控制建设用地总量和结构，使乱占耕地现象得到抑制。2004年各项建设占用耕地较上年下降37%，总体实现数量上的占补平衡。国家还加大土地开发整理力度，建立土地开发整理项目管理制度，组织实施国家投资土地开发整理项目，保持耕地总量动态平衡，改善生态环境。"十五"期间，通过对农村及城镇土地、灾毁土地、工矿区废弃土地等进行科学的土地开发，整理复垦，复垦土地7.6万公顷，建成了一批布局规整、生态环境良好的新农村，部分资源枯竭型城市和重点矿区生态环境得到进一步的治理和恢复。

在水土保持方面，国家实施京津风沙源治理、首都水资源可持续利用水土保持、黄土高原地区水土保持淤地坝、东北黑土区和珠江上游南北盘江石灰岩地区水土流失综合防治等多个专项工程，水土流失重点防治范围由长江、黄河上中游拓展到东北黑土区、珠江上游和环京津等地区。国家开展示范区和示范工程建设，已建成面积在200平方公里以上的水土保持工程300多个，水土保持生态建设示范县190个，示范小流域1398条，并开始实施第一批62个面积不少于300平方公里的示范区和50多个水土保持科技示范园建设。在全国188个县开展水土保持生态修复试点工程，所有国家水土保持重点工程区全面实施封育保护，封育保护面积达12.6万平方公里，并在"三江

源区"实施水土保持预防保护工程。到2006年6月，已有25个省（自治区、直辖市）980个县全部或部分实施了封山禁牧，封禁范围60多万平方公里，封禁区内的植被得到了较快的恢复。"十五"期间，全国综合治理水土流失面积24.02万平方公里，综合整治小流域11500多条，建设基本农田406万公顷，营造水土保持林、经果林和水源涵养林1533万公顷，建设拦沙坝、坡面水系等小型水土保持工程350多万座（处），淤地坝7000座。

国家将防止土地荒漠化、沙化作为改善生态环境，拓展生存和发展空间，促进经济社会协调和可持续发展的战略举措，颁布实施了《防沙治沙法》，批复了《全国防沙治沙规划（2005—2010年）》，颁发了《关于进一步加强防沙治沙工作的决定》，实施一批防沙治沙重点工程，使荒漠化和沙化土地面积同时出现净减少。截至2009年底，全国荒漠化土地面积262.37万平方公里，沙化土地面积173.11万平方公里，分别占国土总面积的27.33%和18.03%。2005年初至2009年底，全国荒漠化土地减少1.25万平方公里，沙化土地减少8587平方公里。监测表明，我国土地荒漠化和沙化整体得到初步遏制，荒漠化、沙化土地持续净减少，荒漠化和沙化整体扩展的趋势得到初步抑制。

海洋、湖泊环境保护不断深化

2009年6月18日，《新闻晨报》报道，一眼望不到边的浒苔悬浮在海面，潮起潮落时，它们也随波逐流。尽管这种水生植物曾被人为养殖用于喂鱼或者制成饲料，但当它们大量涌现时却不再受到欢迎。早在今年4月21日，地处青岛的国家海洋局北海分局通过卫星遥感技术发现，在我国江苏省洋口港附近海域出现了少量浒苔。随后，在卫星和飞机的共同监测下，这些浒苔不断疯长。6月14日，这片"绿潮"距青岛大公岛最近距离仅120公里，青岛此时已将全市灾害应急响应提升为Ⅲ级蓝色预警。这则消息显示，我国的海洋生态保护工作在监测、防控技术上不断进步，环境保护管理进一步规范。

中国已经基本形成了海洋环境保护的法律体系和行政执法体系，构建了海洋环境监测网络，制定和实施了海洋功能区划、近岸海域环境功能区划，合理开发和保护海洋资源，防止海洋污染和生态破坏，促进海洋经济可持续发展。国家积极实施主要入海河流的污染防治计划和重点海域的环境保护计划，继渤海之后，国务院于2005年启动了长江口及毗邻海域、珠江口及毗邻海域的污染治理工作，在长江口和珠江口及其毗邻海域开展了河海统筹、陆海兼顾的陆域、海域同步的环境监测和调查工作。国家严格执行海洋工程和海上倾废的审批制度，强化对倾倒活动的执法监视，加强海洋环境监测。国家批准了《赤潮灾害应急预案》和《海洋石油勘探开发重大溢油应急计划》，并纳入国家灾害应急管理体系，初步建立了海洋灾害应急机制。加强了船舶污染防治和危险品运输管理，积极推进海上船舶溢油应急体系建设。截至2009年底，已建成各类海洋保护区170多处。其中，国家级海洋自然保护区32处，地方级海洋自然保护区110多处。海洋特别保护区30多处，其中国家级16处；一批海洋珍稀物种得到保护，珊瑚礁、红树林及海草床等重要生境得以保护。通过采取控制渔业捕捞强度、压缩捕捞渔船、完善休渔制度、建立渔业资源保护区、实施海洋捕捞产量"零增长"等措施，保护和恢复海洋渔业资源。为促进海洋环境质量改善，确保沿海地区可持续发展，2011年，环境保护部会同国家发展和改革委员会、国家海洋局等部门继续推进首个全国性海洋污染防治规划——《近岸海域污染防治"十二五"规划》（以下简称《规划》）的编制工作，并于2011年7月联合下发了《关于印发近岸海域污染防治"十二五"规划分海区编制大纲的通知》，要求各沿海省（自治区、直辖市）及参加《规划》编制的部门以近岸海域水质改善为核心，科学确定《规划》具体目标，制定重点区域污染防治策略和任务，组织骨干工程项目并明确责任主体，做好编制工作。按照《规划》编制工作的安排，截至2011年底，沿海省（自治区、直辖市）《规划》技术报告、四海区《规划》以及总体《规划》的初稿已编制完成，正在进一步修改完善。

与此同时，进一步深化湖泊（水库）生态安全工作。2010年至2012年开展第一次全国水利普查。普查的对象是中国境内的江河湖泊、水利工程、水利机构和重点经济社会取用水户。在太湖、滇池、巢湖、洞庭湖、洪泽湖、鄱阳湖、三峡水库、丹江口水库、小浪底水库、抚仙湖、梁子湖和乌梁素海等12个重点湖泊（水库）生态安全调查与评估工作基础上，进一步研究湖泊（水库）生态安全评估指标体系。开展湖泊生态环境保护试点工作，建立良好湖泊保护机制。支持了云南抚仙湖和洱海、湖北梁子湖、山东南四湖、安徽瓦埠湖、辽宁大伙房水库、吉林松花湖、新疆博斯腾湖等8个湖泊（水库）开展湖泊生态环境保护。

第四节　自然灾害的防御和应急预案

受自然禀赋不足和生态环境脆弱的影响，我国是世界上自然灾害最为严重的国家之一。近十年来，我国迅速发展的经济生产活动和日益快捷的生活方式对自然的人为干预逐年增加，负面影响逐步显现。和全球的自然生态变化趋势一样，我国的极端天气和自然灾害呈现频率高，破坏范围大的特点。为了积极应对严峻复杂的自然灾害，十六大以来，党和政府坚持以人为本，把防灾减灾纳入经济和社会发展规划。随着科学发展观的贯彻落实和生态文明建设的逐步推进，对自然灾害的防灾减灾和应急预案工作得到高度重视和全面加强。

自然灾害形势不容乐观

我国是世界上自然灾害最为严重的国家之一。灾害种类多、分布地域广、发生频率高、造成损失重。洪涝、干旱、台风、风雹、雷电、高温热浪、沙尘暴、地震、地质灾害、风暴潮、赤潮、森林草原火灾和植物森林病虫害等灾害在我国都有发生。70%以上的城市、50%以上的人口分布在气象、地震、地质和海洋等自然灾害严重的地区。按1990年不变价格计算，自然灾害造成的年均直接经济损失为：50年代480亿元，60年代570亿元，70年代590亿元，80年代690亿元；进入90年代以后，年均已经超过1000亿元。

截至2007年，我国平均每年因各类自然灾害造成约3亿人（次）受灾，倒塌房屋约300万间，紧急转移安置人口约800万人，直接经济损失近2000亿元。"十一五"是新中国成立以来自然灾害最为严重的时期之一，南方低温雨雪冰冻、汶川特大地震、玉树强烈地震、舟曲特大山洪泥石流等特大灾害接连发生，严重洪涝、干旱和地质灾害以及台风、风雹、高温热浪、海冰、雪灾、森林火灾等灾害多发并发，给经济社会发展带来严重影响。

近年来，全球气候变暖与自然灾害风险加剧的关系已成为国际社会关注和研究的重点领域。有关研究表明，全球气候变暖对我国灾害风险分布和发生规律的影响将是全方位、多层次的：强台风将更加活跃，暴雨洪涝灾害增多，发生流域性大洪水的可能性加大；局部强降雨引发的山洪、滑坡和泥石流等地质灾害将会增多；北方地区出现极端低温、特大雪灾的可能性加大；降雨季节性分配将更不均衡，北方持续性干旱程度加重、南方出现高温热浪和重大旱灾的可能性加大；森林草原火灾发生几率增加；北方地区沙漠化趋势可能加剧；农林病虫害危害范围可能扩大；风暴潮、赤潮等海洋灾害发生可能性加大。

防震减灾重点突出，地质灾害防治工作发展迅速

2008年5月12日14时28分，四川汶川地区的时钟定格了。瞬时间，天旋地转，山崩水断，8级强震猝然袭来。大地颤抖，山河移位，满目疮痍，生离死别……西南处，国有殇。这是新中国成立以来破坏性最强、波及范围最大的一次地震。此次地震重创约50万平方公里的中国大地！胡锦涛总书记作出重要指示，要求尽快抢救伤员，确保灾区人民群众生命财产安全。地震后两小时，温家宝立即奔赴灾区，指挥救援工作。解放军、

武警官兵、医疗队以及一些国际救援队纷纷奔赴灾区展开救援。国务院决定，2008年5月19日至21日为全国哀悼日。全国展开了一场"众志成城，抗震救灾，一方有难八方支援"的全民行动。在这场再现中华民族精神的全民行动中，我国的地质灾害防治工作步入了新的发展阶段。

"5·12"特大地震发生以来，心系灾区人民、运筹抗震救灾的中央领导同志，始终关注、部署着防灾减灾工作。2008年5月17日，地震发生后第五天，胡锦涛在四川召开抗震救灾工作会议时指出，要严密关注震情，深入开展防震知识的宣传普及，加强对余震的防范，避免造成新的损失。要加强对塌方、泥石流等地质灾害的监测和预防，确保水库大坝等重点设施安全运行，防止发生次生灾害。6月16日，温家宝总理主持召开国务院抗震救灾总指挥部第十九次会议，研究防范地震次生灾害工作。伴随着抗震救灾和灾后恢复重建进程，一系列防灾减灾及其相关政策法规相继出台。2008年9月，《汶川地震灾后恢复重建总体规划》公布，相应的地质灾害防治专项规划同步出炉；当年12月，全国人大常委会修订通过《中华人民共和国防震减灾法》，防震减灾上升到国家法律高度；次年3月，国家减灾委、民政部发布消息，经国务院批准，自2009年起，每年5月12日为全国"防灾减灾日"。

2011年，党和政府加大了对地质灾害防震减灾工作的力度。当年，全年投入地质灾害防治资金88.57亿元，成功预报地质灾害403起，避免人员伤亡34456人，避免直接经济损失7.18亿元。全国国土资源系统积极推进地质灾害应急演练工作，共举行应急演练2550次，参加人员达54.6万人。除了资金面的保障，在组织建设上，2011年4月12日，经中央批准，国土资源部成立地质灾害应急管理办公室及地质灾害应急技术指导中心。地质灾害应急技术指导中心是国土资源部履行全国地质灾害应急管理职能的业务支撑单位，主要承担全国重大地质灾害应急调查、监测预警和应急处置技术指导、组织协调以及相关研究，为全国重大地质灾害应急处置提供技术支持。

为进一步加强对各地方政府防震减灾工作的统一指导，2011年6月13日，国务院发布《关于加强地质灾害防治工作的决定》，提出地质灾害防治工作要坚持属地管理、分级负责，明确地方政府的地质灾害防治主体责任，做到政府组织领导、部门分工协作、全社会共同参与；坚持谁引发、谁治理，对工程建设引发的地质灾害隐患明确防灾责任单位，切实落实防范治理责任；坚持统筹规划、综合治理，在加强地质灾害防治的同时，协调推进山洪等其他灾害防治及生态环境治理工作。《决定》明确了"十二五"期间地质灾害防震减灾的工作任务，要求基本完成三峡库区、汶川和玉树地震灾区、地质灾害高易发区重大地质灾害隐患点的工程治理或搬迁避让；对其他隐患点，积极开展专群结合的监测预警，灾情、险情得到及时监控和有效处置。到2020年，全面建成地质灾害调查评价体系、监测预警体系、防治体系和应急体系，基本消除特大型地质灾害隐患点的威胁，使灾害造成的人员伤亡和财产损失明显减少。

自然灾害防御和应急预案呈现体系化建设

天灾难以避免，经验弥足珍贵。经受了"5·12"特大地震磨难和洗礼，我国的防灾减灾工作科学总结、运用抗震救灾中积累的宝贵经验，防灾减灾能力建设迈上一个新的台阶。各种自然灾害防御和应急预案建设呈现体系化、科学化和制度化。其中所取得的成绩诠释了我国的一句古话："凡事预则立，不预则废。"

继1998年我国实施《中华人民共和国减灾规划（1998—2010年）》和2007年开始建设的《国家综合减灾"十一五"规划》之后，2011年11月，国务院发布《国家综合防灾减灾规划（2011—2015年）》，对"十二五"期间的防灾减灾工作作出部署，明确了防御和应急预案在自然灾害防震减灾工作中的重要作用。

2006年，国务院颁布实施《国家突发公共事件总体应急预案》和5个自然灾害类专项预案，31个省（区、市）、新疆生产建设兵团以及93%的市（地）、82%的县（市）都已制订了灾害应急救助预案。减灾救灾物资储备体系初步建成，在沈阳、天津、武汉、南宁、成都、西安等10个城市设立了中央级救灾物资储备库，一些多灾易灾地区建立了地方救灾物资储备库。中央和地方各级人民政府不断加大抗灾救灾投入力度，灾害应急资金快速拨付机制得到进一步完善。我国的自然灾害应急处置体系基本形成。

2012年5月6日，四川省北川地震监测中心正式与省网联通，标志着该中心将能监测到北川县及周边地区1.5级以上地震，提前3年实现初步建成地震烈度速报网的目标。汶川特大地震发生以来的四年间，极重灾区北川县已陆续建成地震监测中心、测震台、强震台、地下水监测站、GPS观测站等"一中心九台站"，具备了为防震救灾提供可靠依据的综合功能。这是我国地震监测台网功能进一步完善的一个缩影。目前，我国国内地震2分钟左右即可完成自动速报，已建成39支省级地震专业救援队。武警部队33支应急救援队组建完成，初步形成战斗能力。

中国气象局按照《国家气象灾害应急预案》的有关要求，有序开展汛期应急气象服务工作。随着首家应急气象频道在广东开播，微博等新型媒介气象服务相继亮相，灾害性天气预警信息发布渠道进一步拓宽，逐步建立和完善了涵盖广播、电视、报纸、电子显示屏、电话、手机短信、网络、警报系统、海洋预警电台等气象预警信息发布平台。全国每天接受气象信息服务的公众已超过10亿人次。

在防汛抗旱应急预案建设工作中，国家防总组织每年都会派出多个检查组开展国家防总汛前检查，各流域、各部门也分别组织系统内防汛抗旱工作检查，尽可能做到未雨绸缪，早作准备。例如，2011年，全年共启动国家防总防汛抗旱应急响应14次，先后发出紧急部署和调度命令80多个，派出150多个防汛、抗旱和防台风督察组、工作组、专家组赴灾区一线指导协助地方做好抗洪抢险和抗旱减灾工作。根据水旱灾害事件应急处置工作需要，组织转移危险地区群众838万人，解救被洪水围困群众98万人，解决了2055万人因干旱饮水困难。

科学技术和专业人才在防灾减灾工作中的作用逐步增强

随着社会经济的发展，科学技术在防震减灾工作中的支撑作用明显增强。十六大以来，党和政府高度重视科学技术在应对自然灾害中的作用，组织相关科技工作者加强了对自然灾害发生、发展机理和演变规律的研究进一步深入，促使我国的灾害监测预警、风险评估、应急处置等技术水平不断提高。

2011年，地震科技总经费投入超过2亿元。地震电磁监测试验卫星被列入"十二五"民用航天发展规划首批启动项目，发布《未来我国地震减灾领域地震学面临的巨大挑战》白皮书，中国地震科学环境观测探察计划（喜马拉雅计划）全面开展。发布《水库地震监测管理办法》。新颁布地震现场工作及震灾间接经济损失评估方法等4项国家标准，地震测项分类与代码及地震救援装备检测规程等5项行业标准，为地震技术工作提供了规则依据。

此外，遥感、卫星导航与通信广播等技术在重特大自然灾害应对过程中发挥了重要作用，环境与灾害监测预报小卫星星座A、B星和风云三号A星、风云二号E星成功发射，卫星减灾应用业务系统初步建立。

2005年10月，国务院办公厅印发了《应急管理科普宣教工作总体实施方案》。2006年10月，国家减灾委、教育部、民政部印发了《关于加强学校减灾工作的若干意见》。这些措施有力地推动了各地区、各部门组织开展多种形式的减灾科普活动，广泛宣传减灾知识，提高公众安全防范意识和科学自救互救技能。

另一方面，防灾减灾人才和专业队伍逐步壮大。防灾减灾人才队伍建设纳入《国家中长期人才发展规划纲要（2010—2020年）》，专兼结合的防灾减灾人才队伍初步形成，人民解放军、武警部队、公安民警、民兵预备役在防灾减灾中发挥了骨干作用，防汛抗旱、抗震救灾、森林防火等专业队伍不断壮大，建立了50余万人的灾害信息员队伍。2005年1月，中国国际减灾委员会更名为国家减灾委员会，成立了专家委员会。一些地方也相应设立了减灾工作的专家机构和综合协调机构。减灾管理体制、政策咨询和科技咨询支持体系、综合协调机制日益完善，科技人才支撑平台逐步形成。

第五节　城市环境治理和防污控污

1995年，我国的城市化率为29.04%，而到2011年这一数字提高到47%。城市化快速发展推高了本就严重的城市环境和污染问题。近十年来，党和政府采取一系列综合措施，致力于推进城市环境的逐步改善和城市生态的可持续发展。

"退二进三"的城市宏观经济调整策略

党的十六大以来，我国大部分城市的地方政府按照党的宏观经济调控政策和生态文明建设的基本思路和政策走向，从城市环境容量和资源保证能力出发，制定和实施城市总体规划、城市环境质量按功能区规划，测算大气和水环境容量，合理确定城市规模和发展方向。其中，调整城市产业结构和空间布局，在城区发展中实行"退二进三"的策略，即退出第二产业进入第三产业，关闭了一批污染严重的企业，利用地价杠杆把一些污染企业迁出城区，按照"工业入园、集中治污染"的原则，实行技术改造和污染集中控制是最有代表性的措施。

按照"退二进三"的宏观调控总体规划，各地政府把旧城改造与调整城市布局相结合，解决了老城区脏乱差的问题，改善居民生活环境。同时，随着"退二进三"战略的实施，不少城市能源结构也得到相应调整，清洁能源和集中供热逐年推广，城市绿地建设逐年增加。

《中国环境状况公报2011》数据显示，截至2011年底，我国城市建成区绿化覆盖面积171.9万公顷，建成区绿化覆盖率由上年的38.6%上升至39.4%；建成区绿地面积154.6万公顷，建成区绿地率由上年的34.5%上升至35.5%。全国拥有城市公园绿地面积48.2万公顷，人均公园绿地11.8平方米，比上年增加0.6平方米。城市市容环境卫生不断改善。2011年，全年道路清扫保洁面积63.2亿平方米，城市生活垃圾清运量1.6亿吨，粪便清运量0.2亿吨。建有生活垃圾无害化处理厂683座，无害化处理能力41.1万吨/日，生活垃圾无害化处理率79.7%。公厕12万座，市容环卫专用车辆设备总数10.9万台。这表明，以提高人民生活质量为目标，以创造良好的人居环境为中心的城市环境建设取得了显著的成绩，城市生态环境得到明显改善。

做好减法，破解垃圾围城

城市生活垃圾处理及综合利用、危险废物安全处置是城市生态环境建设的重要内容。围绕这个世界各大城市的难题，十年来，我国各城市地方政府实行建立垃圾分类收集、储运和处理系统，在优先进行垃圾、固体废物的减量化和资源化的基础上，推行垃圾无害化与危险废弃物集中安全处置。

截至2011年底，《全国危险废物和医疗废物处置设施建设规划》中的334个项目，已投运和基本建成的危废项目36个、医废项目246个，全国形成危险废物集中处置能力141.25万吨／年，医疗废物处置能力1454吨／日。能力建设方面，31个放射性废物库建设项目已建成；7个二噁英监测中心已建成投运4个，基本建成2个，在建1个；国家及31个省（自治区、直辖市）和67个地市成立固体废物管理中心。2011年，全国31个省（自治区、直辖市）共有266个城市向社会发布了2010年固体废物污染环境防治信息。20万人口以上的城市医疗废物基本上全部实现安全处置，鼓励医疗废物集中处置。

大中城市固体废物污染防治信息发布逐步规范化、制度化。自实施危险废物经营许可证制度以来，截至2011年底，环境保护部及全国31个省（自治区、直辖市）的环境保护部门共颁发危险废物经营许可证约1500份，持危险废物经营许可证的单位实际利用处置危险废物超过900万吨。

治理城市水污染

制定改善水质计划，重点保护城市饮用水源。2002年底，20万人口以上城市建立了水源地水质旬报制度，环保重点城市实施生活饮用水源水环境质量报告制度。

2005年，城市生活污水集中处理率达到45%，50万人口以上的城市达到60%。2011年，水体污染控制与科技重大专项领导小组突破流域典型行业节能减排关键技术和石化、冶金等重点行业污染控制关键技术，在松花江等流域建成一批清洁生产与水循环利用示范工程，在天津等地进行了大规模工程示范。

构建全国饮用水安全监控及预警技术平台。初步构建了涵盖国内外900多个水污染事故处理案例、包含可应对100多种有毒有害污染物的城市供水应急处理技术方法的全国城市供水水质监测预警应急技术平台，开发了覆盖30多个重点城市的城市供水水质信息管理系统，并在济南等城市示范应用。

2011年10月10日，国务院正式批复环境保护部会同国家发展和改革委员会、财政部、国土资源部、住房和城乡建设部、水利部等部门历时八年共同编制完成《全国地下水污染防治规划（2011—2020年）》《地下水规划》首次对全国地下水污染防治工作作出全面部署。此外，环境保护部会同国土资源部、水利部、财政部等部门下发《关于开展全国地下水基础环境状况调查评估工作的通知》，提出了调查评估方案，计划从区域和污染源两个层面，针对危险废物堆存场、垃圾填埋场、矿石开采区、石油化工生产及销售区、再生水灌溉区和工业园区等6类重点污染源和地表水污染严重城市、饮用水水源污染严重区域、典型城市群、大型灌区、规模化养殖区和岩溶区等6类典型区域开展调查评估。

治理城市大气污染

建立城市空气质量日报和重点城市空气质量预报制度。根据《国务院办公厅转发环境保护部等部门关于推进大气污染联防联控工作改善区域空气质量指导意见的通知》，经过实地调研、专家论证、行业座谈，环境保护部组织起草了《重点区域大气污染防治规划（2011—2015年）》《规划》划定了"三区十群"（京津冀、长江三角洲、珠江三角洲地区，辽宁中部、山东半岛、武汉及其周边、长株潭、成渝、海峡西岸、山西中北部、陕西关中、新疆乌鲁木齐、兰州白银城市群）共13个重点区域，要求以改善空气质量为目的，以多污染物协同控制为手段，建立区域大气污染联防联控工作机制，扎实做好重点区域"十二五"期间大气污染防治工作。

推进机动车污染防治工作。大力发展公共交通，鼓励开发和使用清洁燃料车辆，逐步提高并严格执行机动车污染物排放标准。一是组织实施了轻型汽油车国四标准和非道路移动机械排放标准，积极推进车用燃油低硫化。二是组织开展机动车环保检验机构自查活动，分六组赴九省进行现场督察。三是科学评估、积极宣传机动车污染防治工作。2011年7月1日，全国范围内实施了轻型汽油车国家第四阶段排放标准，单车污染物排放水平比国家第三阶段排放标准降低了30%。2011年，全国共计淘汰汽车91万辆（不含摩托车和低速载货汽车，包含强制注销车辆），北京、上海、广州等部分城市提前实施第四阶段车用燃料标准。

开展燃煤电厂大气汞污染防治试点工作。禁止在城市的近郊区内新建燃煤电厂和其他严重污染大气环境的企业。大中城市以及城市群地区要综合控制城市大气污染物的相互影响。按照生态要求进行绿化、美化、硬化，加强建筑施工及道路运输环境管理，有效控制城市扬尘。根据《关于开展燃煤电厂大气汞污染控制试点工作的通知》，积极推动燃煤电厂大气汞污染控制工作，2011年，选取6大电力集团、16家试点电厂、32台燃煤机组首先开展监测试点工作。6大电力集团汞监测设备已安装完毕并启动运行。

治理城市噪声污染

加强对建筑施工、工业生产和社会生活噪声的监督管理。2011年，全国77.9%的城市区域噪声总体水平为一级和二级，环境保护重点城市区域噪声总体水平为一级和二级的占76.1%。全国98.1%的城市道路交通噪声总体水平为一级和二级，环境保护重点城市道路交通噪声总体水平为一级和二级的占99.1%。全国城市各类功能区噪声昼间达标率为89.4%，夜间达标率为66.4%。与上年相比，全国城市区域噪声总体水平一级城市比例降低1.2个百分点，二级城市比例提高5.4个百分点，2011年全国城市区域噪声总体水平三级、四级城市比例分别降低3.9个百分点和0.3个百分点。

总之，综合考虑城市规模、性质、区域分布和环境状况等因素，国家把环境保护重点城市扩大到113个，加大环境综合整治力度。截至2005年，113个重点城市环境质量率先得到明显改善，全国60%的城市人口受益。在继续开展创建国家环境保护模范城市活动中，各地方政府完善公众、社区和媒体参与城市环境管理的机制，建立城市环境污染应急响应系统，全面提升了模范城市的可持续发展综合能力。

第五章 国际交往新路径：
积极应对国际气候和环境问题

随着经济全球化的迅猛发展，围绕生态环境的国际交往空前活跃，已完全从国际关系边缘向中心转移，成为一种新的外交形态即生态（环境）外交。[①] 以1972年联合国人类环境会议和《人类环境宣言》为标志，生态外交在短短数十年里迅速成为国际关系的主流形态和中心议题之一。1992年，在巴西里约热内卢召开的联合国环境与发展大会和《21世纪议程》成为世界生态外交的又一里程碑。进入新世纪以来，以气候变化问题为焦点的环境议题和发展议题成为生态外交的新热点。由于西方工业化的勃兴和消费主义的盛行，西方工业国家率先对自然资源进行大规模、无节制的发掘，排放大量温室气体，导致了包括空气、水体的严重污染，各种自然资源及物种加速毁坏、匮乏或灭绝，大规模传染病蔓延。这一过程又由于气候变化因素加剧了地球生态系统的日益失衡，导致各种极

---

① 所谓生态外交（亦称环境外交），是指以国家为主的各种国际关系行为体围绕生态环境领域所展开的外交活动的总和，是为推进全球和地区生态环境的国际治理，维护各国环境合法权益而进行的双边和多边环境合作、国际交流和外交博弈。

端天气和自然灾害在世界各国频发。全球生态环境的恶化正不断威胁人类生存。这一方面促使各国加快调整转变生产和发展模式，推动国际生态环境事业的合作，另一方面也加剧了不同发展阶段的国家和地区之间围绕经济发展空间、环境贸易壁垒、环境责任分担等问题的矛盾斗争，进一步将生态环境问题从国际关系中的"低政治问题"向"高政治问题"推进。

第一节 充分利用环境贸易壁垒的"双刃剑"

世界贸易组织（WTO）成立以后，关税壁垒受到更多的限制，传统易壁垒的运用空间也越来越小。发达国家为了其自身的利益，开始寻求新的贸易保护措施。21世纪以来，环境（绿色）贸易壁垒① 成为发达国家抵制发展中国家贸易的重要手段。金融危机之后，这种手段更是成为发达国家常用的"撒手锏"。

打铁还要自身硬，主动应对环境贸易壁垒

在我国，以纺织业为代表的一些具有国际竞争优势的产业受到了来自发达国家环境贸易壁垒的冲击。我国纺织业生产厂家占全球1/3，贸易量占全球服装贸易市场的1/4。然而，随着欧洲环保标准的日趋严格，我国的服装贸易优势锐减。从

---

① 环境（绿色）贸易壁垒主要指在国际贸易活动中，进口国以保护自然资源、生态环境和人类健康为由，通过制定严格的环保技术标准、规范，或采用绿色环境标志、绿色包装、绿色检疫等手段，使外国产品无法进口或进口时受到一定限制，从而达到保护本国产品和市场的贸易保护措施。从具体内容和形式看，绿色贸易壁垒具有名义上的合理合法性、内容上的广泛性、形式上的技术性、手段上的隐蔽性、操作上的争议性等特点。从

1996年开始，我国对欧洲的服装出口开始趋缓，主要原因就是相当一部分服装残留污染物，不符合环保要求。当年内，欧盟国家禁止进口的非绿色产品价值就达220亿美元，其中发展中国家提供的产品占90%。

2008年以来，特别是金融危机之后，为了维护本国的行业生产，欧盟、美国相继出台了《关于限制全氟辛烷磺酸销售及使用的指令》、《消费品安全改进法案》等法律法规，大幅提高了绿色壁垒的门槛，使得我国纺织服装进入欧美市场的难度进一步加大。美国自2008年12月1日起，每两周发布一次中国纺织品和服装进口统计报告，对中国相关产品进口数量实施监测，并在进口限额到期后对我国输美纺织服装进行密切监控。

随着科学技术的发展和人们环境、健康意识的不断加强乃至国际贸易环境的变化，"绿色壁垒"将更加纷繁复杂。其中，由各类科研单位、中介机构、行业协会、企业推出的各种符合性评定程序也成为一种绿色贸易壁垒。特别是一些大国际采购经销商的采购标准对供应商来说，不能满足即意味着没有订单。除纺织品外，我国电子产品和化工产品等大宗出口货物贸易也面临一系列绿色贸易壁垒的挑战。因此，加入了世贸组织，基本解决配额问题，但如果在绿色壁垒上不突破的话，我们仍会继续受制于人，与巨大的商机擦肩而过。

"应对产品出口的绿色壁垒出路只有一条，那就是'打铁还要自身硬'，别在产品的环保问题上被人家抓了辫子"，长年从事外经贸工作的江苏绍兴县外贸局一位局长说，"无论是我们的外贸部门、技术监督和检验部门，还是在一线的企业，都要时刻树立绿色意识，根据国际市场的不同特点主动出击，不能靠侥幸心理做国际生意"。

绿色贸易壁垒在一定时期曾对我国纺织品等行业出口产生了消极影响，但同时，也推动了我国纺织、化工等行业的发展，推进了我国纺织及服装产品、化工、电子产品环境标准的建立和环境标志制度在我国相关行业的推行，促进了相关行业产品结构的调整，促使行业又好又快地走可持续发展道路。

近些年来，国内开始密切关注国外绿色壁垒发展趋势，相继建成了一批得到德国和欧盟有关机构认可的检测中心。比如，江苏省对外贸易经济合作厅、省商检局及省商检协会等部门力推企业开展生态纺织检测，以帮助江苏省企业有效应对绿色壁垒。2006年，江苏省商检协会创建生态纺织品检测技术服务平台，江苏省对外贸易经济合作厅在商务部农轻纺产品贸易促进资金项目上予以资金扶持，为企业成员提供优惠出口生态纺织产品项目检测数万批次，为600多家企业1000多人次举办了5期纺织品检测技术等相关培训班。河北省质量监督部门还及时向企业发布紧急风险预警，提醒河北省相关产品出口企业及早做好应对，并积极引导省内企业寻找相关替代品以应对《关于限制全氟辛烷磺酸销售及使用的指令》控制标准。

除此之外，我国各省还注意建立完善的环境标志制度，加强绿色认证环境标志，研发绿色产品，用新研制的国产环保型产品替代进口，降低了产品的成本。由于在技术上进行了深入改进，经过一段时间的努力，很多企业已经感觉不到来自绿色壁垒的压力。江苏省还对绿色壁垒采取了"溯源"的应对方式，利用国际先进理念和技术引导企业向绿色产业转型，在遇到国外出台各类绿色壁垒政策措施的时候，以不变应万变化解所谓的"绿色壁垒"。经过多年的努力，绿色贸易壁垒对我国纺织品出口的影响大幅度地减少。2007年，我国纺织品服装出口总额达1711.7亿美元，比2006年增长了18.88%；2008年全年，我国纺织品服装出口总额1851.6亿美元，同比增长8.1%。

鼓励生态标志产品出口，不仅是我国企业突破发达国家贸易壁垒、提高竞争力的客观必然，同时，也将为我国转变贸易增长方式，优化出口结构，促进节能减排，实施绿色贸易战略做出重要贡献。

逐步扭转"产品输出国外、污染留在国内"的局面

近十年来，我国的对外贸易取得了举世瞩目的成就。但是，在贸易价值量顺差的同时，大量出口所产生的巨额环境逆差日益凸显，形成"产品输出国外、污染留在国内"的尴尬局面。

为了积极应对环境贸易壁垒，逐步扭转尴尬局面，我国政府利用环境贸易壁垒的倒逼机制，实施了以征收出口环节的环境关税为主导的绿色贸易政策，对高污染、高能耗、资源性产品征收环境出口关税。从2007年6月1日起，财税部门对142种"两高一资"① 产品开始征收出口关税。从7月1日起，我国取消了553项"两高一资"产品的出口退税，降低了2268项容易引起贸易摩擦的商品的出口退税率。目前，我国征收出口关税及出口退税的产品涉及"两高一资"产品，包括煤炭、焦炭、原油、成品油等能源性产品，粗钢、铁合金等钢铁类产品和铝、铜等有色金属和稀土金属等。除了征税而外，我国政府还采取

---

① 高耗能、高污染、资源型。

了减少"两高一资"产品出口、调整国内产业结构、降低资源和能源消耗等措施。但是，随着国际金融危机的暴发和蔓延，我国于2008年下半年开始调整出口政策。

为了应对金融危机对中国经济带来的严重不利影响，2008年7月30日，我国财政部、国家税务总局发出《关于调整纺织品服装等部分商品出口退税率的通知》，从8月1日起对部分纺织品、服装、竹制品的出口退税率上调，并取消部分商品如农药、涂料、电池等产品的出口退税。此后中国政府又连续6次调整部分商品的出口退税率，惠及轻纺、服装、模具、箱包、机电、钢铁、有色金属、石化和电子信息等行业的数千种产品，以刺激企业出口。和以往的出口经济刺激不同，这次的鼓励出口考虑了向具有中国环境标志产品的倾斜。

当前在经济全球化和贸易自由化快速发展的态势下，生态标志国际互认成为国际大趋势。目前我国已经与德国、日本、韩国、澳大利亚、新西兰、北欧、泰国、中国香港8个国家或地区签署了互认合作协议，并与美国、加拿大、德国等20多个国家组成的全球环境标志网（GEN）及瑞典、加拿大、丹麦等6个国家组成的全球环境产品声明网（GED）加强了交流与合作。这为中国环境标志产品出口奠定了良好的基础条件。

到2011年，中国环境标志已经在家电、办公设备、日用品、纺织用品、建筑装修材料等领域开展了66大类产品的认证，有2000余家企业生产的21000多个品种规格的产品获得了了中国环境标志。获得中国环境标志的产品年产值已经达到900多亿元。这为下一步制定鼓励中国环境标志产品出口奠定了基础。中国环境标志作为"绿色通行证"在国际贸易中将发挥更重要作用。

继续发挥技术优势，积极应对国际贸易摩擦

金融危机之后，各国都在努力实现绿色经济的发展转型，大力推动环保绿色技术和环保产业的发展，都想在全球绿色环保市场上分一杯羹，率先占领市场。更为重要的是，围绕着诸如臭氧层、外层空间、跨国酸雨、跨国海洋的保护和利用、极地资源的利用保护、气候变化等议题设置和利益博弈，无不源于现代科学技术的发展。因此，谁掌握了相关生态环境领域最新和最权威的科技能力和科技产品，谁就更容易掌握国际生态环境议题中规则的制定权。因此，涉及环保和绿色经济的国际贸易争端也成为环境贸易壁垒的重要内容。

近年来，作为贸易大国，我国出口产品在海外市场频繁遭遇到反倾销、反补贴、保障措施、特殊保障措施、产品召回或通报等各种形式的贸易限制。我国已连续15年成为全球反倾销调查的重点，每年涉案损失300多亿美元。2009年，我国出口占全球的9.6%，而遭受的反倾销案件却占全球的40%左右。反倾销和反补贴的"双反"调查成为个别国家对华调查的主要形式。

2004年以来，国外将我国诉诸WTO争端机制的案件涉及集成电路、汽车、新材料、可再生能源等生态环保和绿色发展新兴领域的产业政策以及金融、关税政策。2009年，国外对华启动的13起反补贴调查案件中，12起伴随反倾销调查。涉华保障措施和特别保障措施案件也在增多，2009年占国外对华贸易救济调查案件总数的25.4%。2011年，时任商务部副部长钟

山在全国贸促工作会议上介绍说，2010年全年中国遭遇贸易摩擦64起，涉案金额约70亿美元。贸易摩擦不仅来自美欧等发达经济体，也来自于巴西、阿根廷以及印度等发展中国家，其中既有针对中国传统优势产业的，也有针对环保和绿色等高新技术产业的。例如，美国贸易代表办公室（USTR）在匆忙结束根据其国内301条款调查中国的可再生能源补贴案后，以中国对风能设备制造的补贴违反WTO的《补贴与反补贴协议》为由，将我国正式起诉到WTO的争端解决机制，寻求国际仲裁。这是在继美国起诉中国的稀土管制案后的另一个涉及资源能源的重大案件。

面对这些国际贸易摩擦，2010年5月8日，气候变化国际合作会议开幕式上，国务院副总理李克强表明了我国的态度和努力的方向："我们主张，国际社会应当把推进贸易自由化、便利化作为发展绿色经济的助推器，反对各种形式的贸易保护主义，包括一些采取'绿色壁垒'措施而行贸易保护之实的做法，制定并实施鼓励绿色经济发展的贸易政策，促进各国绿色经济成长壮大，发达国家尤其应当通过技术转让、资金援助、市场开放等方式，帮助发展中国家培育绿色经济，支持新兴经济体可持续发展。"

第二节 主动参与应对全球气候变化

近百年来，"全球变暖"成为人类共同面对的问题。西方发达国家的工业化业已排放大量温室气体。发展中国家为谋求生存和发展也要求基本的碳排放权。进入新世纪以来，全球极端气候和自然灾害的频发最终促使以气候变化问题为焦点的环境议题和发展议题成为国家间生态外交的新热点。

积极开展应对气候变化的国际合作

应对气候变化的国际合作克服重重阻力，不断形成新的共识，取得了四个里程碑。一是1992年通过的《联合国气候变化框架公约》，确立了应对气候变化国际合作的基本原则，特别是"共同但有区别的责任"原则，承认消除贫困、发展经济是发展中国家的优先需要，明确了发达国家应承担率先减排和向发展中国家提供资金、技术和能力建设支持的责任和义务。二是1997年通过的《京都议定书》，对发达国家减排指标、清洁发展机制和温室气体种类等做出了具体规定。三是2007年底制定了"巴厘路线图"，明确了发达国家必须承担的强制减排义务，而发展中国家需在可持续发展框架下，采取适当国内减缓排放行动。四是2009年哥本哈根会议上发表了《哥本哈根协议》，提出了发达国家和发展中国家各自的减排目标和减缓行动，重申"共同但有区别的责任"原则。

从1972年6月参加了联合国召开的人类环境会议开始，我国在遵循公约确定的"共同但有区别的责任"等原则的基础上，除了自身努力节能减排，还一直致力于加强在气候变化上的国际合作。

以中美和中欧关系为例，中美两国均重视通过提高能源效率、开发新能源和可再生能源作为应对气候变化的基础工作和主要手段。2009年，美国总统奥巴马访华期间，气候变化合作是双方讨论的重点，也是访问期间所发表的《中美联合声明》

的主要内容之一。双方确认了在气候变化问题上的原则共识，确定了双方在应对气候变化方面的重点合作领域和项目。双方还签署了关于加强气候变化、能源和环境合作的谅解备忘录。

中欧在2005年就建立了气候变化伙伴关系和气候变化定期磋商机制，2006年制定了中欧气候变化滚动工作计划。2009年11月，第12次中欧领导人会晤，发表了《联合声明》，同意提升气候变化伙伴关系，强化中欧气候变化政策对话和务实合作。中国同欧盟各成员国之间也开展了从气候变化政策对话、技术开发、能力建设到清洁发展机制项目的全方位务实合作。可以说，应对气候变化的合作为中美、中欧关系健康、稳定发展创立了新平台，注入了新动力。

在和发展中国家合作方面，中国也表现出积极的姿态。2005年2月，我国参加在肯尼亚首都内罗毕举行的中非合作论坛环境保护合作会议。国务院副总理曾培炎就中非环保合作提出三点倡议：第一，扩大中非环保交流领域，加强对话与交流，积极探索发展中国家解决环境问题的新途径。第二，大力推进环保技术合作。中方愿意为非洲各国提供技术支持，促进互利共赢。第三，进一步加强人才培训。中国政府愿在中非合作论坛"非洲人力资源开发基金"项目下，为非洲各国环境官员和专家提供环保培训。

2005年5月25日，首届大湄公河次区域环境部长会议在上海举行。柬埔寨、老挝、泰国、缅甸、越南的环境部长或副部长率代表团出席会议，联合国环境规划署、亚洲开发银行、世界野生动物基金会、国际自然保护同盟、欧盟、湄公河委员会和瑞典国际发展署等机构派代表参加了会议。会议讨论了次区域的环境热点问题和未来的发展方向，讨论并确认了次区域环境核心项目、大湄公河次区域生物多样性保护走廊倡议、洞里萨湖行动计划等合作项目和计划；再次确认了与会各国政府对全球环境合作的承诺，愿为积极推动实现千年发展目标、促进本区域可持续发展继续做出努力。会议通过了《部长联合宣言》，表达了各国环境部长推动次区域环境合作的政治意愿。

2011年7月，国家应对气候变化及节能减排工作领导小组会议召开。会议强调，在"十二五"期间，仍然要积极开展应对气候变化国际合作，坚持以《联合国气候变化框架公约》和《京都议定书》为基础，坚持"共同但有区别的责任"原则和公平原则，按照"巴厘路线图"授权，在哥本哈根协议和坎昆协议基础上，建设性推动应对气候变化国际谈判进程，使德班会议在加强公约和议定书全面、有效和持续实施方面，取得进一步的积极成果。

在气候变化国际会议上彰显负责任的大国形象

气候变化谈判利益交错、矛盾互织、形势错综复杂。当前围绕气候变化的斗争，形成了发达国家和发展中国家两大阵营，欧盟、美国、77国集团加中国三股力量，折射出南北矛盾、发达国家内部矛盾、发展中国家的内部分歧和针对排放大国的矛盾。两大阵营斗争的焦点是历史责任、资金和技术转让。三股力量主要围绕减排义务的分担展开激烈讨论和谈判。在这些错综复杂的矛盾和利益冲突中，我国在谈判桌上表现出负责任大国的气度，为应对推进气候问题的解决作出了最大的让步，用行动证明了自己推动气候问题国际合作的诚意。

早在2002年，时任国务院总理朱镕基在约翰内斯堡可持续发展世界首脑会议上宣布，我国已经核准《〈联合国气候变化框架公约〉京都议定书》，这表明我国参与国际环境合作，应对气候变化，促进世界可持续发展的积极姿态。

2009年是气候变化国际合作与谈判极为活跃的一年。9月22日，联合国气候变化峰会在纽约举行。国家主席胡锦涛出席开幕式，发表题为《携手应对气候变化挑战》的重要讲话，就国际社会携手应对气候变化提出四点建议，强调履行各自责任是核心，实现互利共赢是目标，促进共同发展是基础，确保资金技术是关键。这次会议为年底的哥本哈根会议凝聚了政治共识。

国际社会经过6次马拉松式的漫长而又艰辛的谈判，12月7日至18日，被喻为"拯救人类的最后一次机会"的哥本哈根世界气候大会在丹麦首都哥本哈根现代化的Bella中心举行，为期两周。190多个国家和地区的代表参加会议，100多位国家、地区和国际组织的领导人与会。

会前，世界主要国家和地区都已推出了各自的减排计划。美国宣布，美国将承诺2020年的温室气体排放量在2005年的基础上减少约17%，这相当于在1990年的基础上减排4%；欧盟承诺，2020年的温室气体排放量将在1990年基础上减少20%，并表示愿与其他发达国家一道将中期减排目标提高到30%；俄罗斯承诺，2020年的温室气体排放量在1990年基础上减少20%到25%。众多发展中国家也明确了自己的立场。中国承诺，2020年单位国内生产总值二氧化碳排放将比2005年下降40%到45%。

　　会议举行期间，"两大阵营"、"三方力量"的政治博弈在哥本哈根尽展无余，掌声、争论交替起伏。正如《联合国气候变化框架公约》秘书处执行秘书德布尔所强调的，承诺与妥协这两者的强力组合推动实现目标。

　　我国政府为促进合作、增强共识采取了一系列积极举措。在哥本哈根会议前，中国主动宣布了控制温室气体排放行动目标，这充分展现了中国政府应对气候变化的雄心和决心。在会议中，一方面始终以合作和建设性态度积极参与谈判，敦促发达国家展现诚意，要求发达国家正视发展中国家，特别是小岛屿国家、最不发达国家和广大非洲国家在资金方面的合理诉求，另一方面在哥本哈根会议最后行将陷入僵局的关键时候，主动在长期目标和行动透明度等核心问题上表现出足够的灵活度，为达成《哥本哈根协议》显示了最大的诚意，尽了最大努力。作为有13亿人口、按联合国标准仍有1.5亿贫困人口、人均国民生产总值还排在全球100名左右的发展中大国，中国已经是倾其所能。中国等广大发展中国家，以诚意、决心和信心，尽最大努力和一切可能，为确保哥本哈根会议沿着正确轨道达成协议发挥了建设性作用。

用实际行动为应对气候变化作出不懈努力

　　2007年6月3日，被喻为中国应对气候变化的"根本大法"的《中国应对气候变化国家方案》公布。该方案阐述了中国政府在全球气候变化问题上的原则立场，提出了我国应对全球气候变化的对策。中国成为最早制定实施《应对气候变化国家方案》的发展中国家，用自己的实际行动为全球应对气候变化作出表率。

除了出台《中国应对气候变化国家方案》，我国政府还先后制定和修订了节约能源法、可再生能源法、循环经济促进法、清洁生产促进法、森林法、草原法和民用建筑节能条例等一系列法律法规，把法律法规作为应对气候变化的重要手段。2005年至2008年，我国可再生能源增长51%，年均增长14.7%。2008年可再生能源利用量达到2.5亿吨标准煤。农村有3050万户用上沼气，相当于少排放二氧化碳4900多万吨。水电装机容量、核电在建规模、太阳能热水器集热面积和光伏发电容量均居世界第一位。1990—2005年，单位国内生产总值二氧化碳排放强度下降46%。在此基础上，我国又提出，到2020年单位国内生产总值二氧化碳排放比2005年下降40%—45%。

2009年，全国人大常委会首次通过了关于积极应对气候变化的决议，明确提出要把积极应对气候变化作为实现可持续发展战略的长期任务纳入国民经济和社会发展规划。温家宝在哥本哈根会议上庄严承诺：我国的减排目标作为约束性指标纳入国民经济和社会发展的中长期规划，将进一步完善国内统计、监测、考核办法，改进减排信息的披露方式，增加透明度，积极开展国际交流、对话与合作，保证承诺的执行受到国际法律和舆论的监督。

为切实加强对我国应对气候变化工作的领导，2007年6月12日，国务院决定成立国家应对气候变化及节能减排工作领导小组，以作为国家应对气候变化和节能减排工作的议事协调机构。领导小组由总理温家宝任组长，曾培炎副总理、唐家璇国务委员任副组长。领导小组将研究确定国家应对气候变化的重大战略、方针和对策，协调解决应对气候变化工作中的重大问题。应对气候变化工作的办事机构设在国家发展和改革委员会。

同年9月，为加强应对气候变化对外工作，外交部成立了应对气候变化对外工作领导小组。部长杨洁篪任组长、武大伟副部长和崔天凯部长助理任副组长。同时，外交部决定设立气候变化谈判特别代表，负责组织、参与有关气候变化国际谈判。原驻坦桑尼亚大使于庆泰担任该职。外交部还决定在条法司国际环境法处基础上设立应对气候变化工作办公室，主要负责外交部应对气候变化对外工作领导小组的日常事务和有关协调、研究工作。

近年来，中国加大了气候变化问题的宣传和教育力度，开展了多种形式的有关气候变化的知识讲座和报告会，举办了多期中央及省级决策者气候变化培训班，召开了"气候变化与生态环境"等大型研讨会，开通了全方位提供气候变化信息的中英文双语政府网站《中国气候变化信息网》等。这些措施都取得了较好的实际效果。

此外，我国政府重视并不断提高气候变化相关科研支撑能力，组织实施了国家重大科技项目"全球气候变化预测、影响和对策研究"、"全球气候变化与环境政策研究"等，开展了国家攀登计划和国家重点基础研究发展计划项目"中国重大气候和天气灾害形成机理与预测理论研究"、"中国陆地生态系统碳循环及其驱动机制研究"等研究工作，完成了"中国陆地和近海生态系统碳收支研究"等知识创新工程重大项目，开展了"中国气候与海平面变化及其趋势和影响的研究"等重大项目研究，并组织编写了《气候变化国家评估报告》，为国家制定应对全球气候变化政策和参加《气候公约》谈判提供了科学依据。

在如此短时间内这样大规模降低二氧化碳排放，不断加大应对气候变化工作的组织建设、宣传建设和科研建设，我国政府用自己的实际行动表明了艰苦卓绝的努力。

第三节　积极参与全球环境治理和合作

我国探索和推进生态文明建设，除了自身的生态环境保护建设外，还积极致力于全球的环境治理，参与了国际社会关于环境与发展问题的认识进程和实践过程。

致力于全球环境治理与经济发展

关于全球环境与发展问题，世界各国的不懈努力取得了四次飞跃性的成果。这些飞跃的成功取得都包含了我国的努力和诚意。

第一次飞跃是1972年6月5日至16日联合国在瑞典斯德哥尔摩召开的首次人类环境会议。这次会议通过了《人类环境宣言》，将"为了这一代和将来的世世代代的利益"确立为人类对环境的共同看法和共同原则。第二次飞跃是1992年6月3日至14日在巴西里约热内卢召开的联合国环境与发展大会。这次会议第一次把经济发展与环境保护结合起来进行认识，提出了可持续发展战略，成为全人类共同发展的战略。第三次飞跃是2002年8月26日至9月4日在南非约翰内斯堡召开的可持续发展世界首脑会议。会议提出了著名的可持续发展三大支柱：经济发展、社会进步和环境保护，明确指出经济社会发展必须与环境保护相结合，以确保世界的可持续发展和人类的繁荣。第四次飞跃是2012年6月20日至22日在巴西里约热内卢召开的联合国可持续发展大会。这次会议针对"可持续发展和消除贫困背景下的绿色经济"、"促进可持续发展机制框架"两大主题，围绕"达成新的可持续发展政治承诺"、"全面评估过去二十年可持续发展领域取得的进展和存在的差距"、"应对新挑战制订新的行动计划"三大目标，进行了深入讨论，正式通过《我们憧憬的未来》这一大会的成果性文件。温家宝总理率领中国政府代表团出席大会，发表了题为"共同谱写人类可持续发展新篇章"的重要演讲，表达了我国愿与国际社会一道推进人类可持续发展事业的意愿和决心，全面阐述了我国推进全球可持续发展的立场和主张，彰显了中国负责任、有担当的大国形象。

如果说参加上述会议是我国致力于全球环境治理而做出的理论贡献和达成政治共识的话，那么参与世界最大的公共环境基金——全球环境基金（GEF），加强与其的合作就是我国投身全球环境治理，谋求经济绿色发展的重大实践步骤。

全球环境基金是由联合国发起建立的国际环境金融机构，1991年开始正式运作，是目前世界上最大的改善全球环境项目的资金支持者。截至2011年12月共有会员国182个。

我国在全球环境基金中具有双重角色：受援国和捐款国。同时，我国还是全球环境基金的成员国。据统计，截至

2006年7月，中国已获得的全球环境基金赠款和赠款承诺超过5亿美元，是全球环境基金各成员国中获得资助最多的国家；累计实施项目达47个，同时还参与了20多个全球和区域项目。全球环境基金项目增强了中国履行一系列国际环境公约的能力，促进了一批与可持续发展有关的国家法律法规的建设，引进了一批新技术和先进的管理机制，对中国的可持续发展起到了积极推动作用。

值得一提的是，中国不仅是全球环境基金的受援国，还是少数几个对全球环境基金捐款的发展中国家之一。在全球环境基金试运行期和前四期增资中，中国政府共捐款和承诺捐款3842万美元。虽然中国的捐款金额有限，但却充分显示了中国作为一个负责任的环境大国参与全球环境保护和可持续发展事业的积极态度。

中国在全球环境基金这个国际组织中活力四射。首先，自1990年11月以来，中国作为25个创始国之一，参与了全球环境基金的建立；其次，中国和几个大的GEF捐款国（如美国、日本、德国等）一样，一直拥有一个独立的理事席位；最后，GEF的第二次成员国大会于2002年10月在中国北京成功召开。中国在全球环境基金的决策过程中发挥着举足轻重的作用。例如在资金分配框架的模式选择这个至关重要的议题上，中国发挥了极大的作用。最终，中国与欧盟提供的"筛选模式"获得了较多的支持，在事实上压倒了美国坚持采用的"单个国家分配模式"。我国在这一国际机制中提出符合自身利益的提案并在讨论环节中与其他国家进行平等磋商达成最后共识。通过这样一个过程，我国不仅能够以符合国际规则的方式达到自身的期许和目的，同时也可以参与到全球环境治理的实践中去，成功塑造了绿色的国际形象。

高度重视中国环境与发展国际合作委员会的成长

"国合会究竟举办到什么时候结束，我考虑可能要长期办下去，一直办到国际社会对中国的环保事业满意为止。这可不是一件简单的事情，可能需要几代人、十几代人、几十代人的艰苦努力"。这是国务院总理温家宝在2006年11月会见中国环境与发展国际合作委员会年会代表时给该委员会的寄语。

在我国政府的大力支持和推动下，中国环境与发展国际合作委员会（简称国合会）于1992年由中国政府批准成立。这是一个由中外方高层人士与权威专家组成的高级国际咨询机构。国合会已历经4届，每五年换届一次，成功运作19年。每届国合会由40—50名中外委员组成。共计170余位中外委员先后参加前三届国合会工作。

自成立以来，国合会一直得到我国政府的高度重视。国合会主席由国务院领导同志担任：第一届国合会（1992—1996年）主席为宋健（时任国务委员，国务院环境保护委员会主席，国家科学技术委员会主席）；第二届国合会（1997—2001年）主席为温家宝（时任国务院副总理）；第三届国合会（2002—2006年）主席曾培炎（时任国务院副总理）；第四届国合会（2007—2011年）主席为李克强（现任中共中央政治局常委，国务院副总理）。国合会每年召开一次全体委员会议。会议听取政策研究报告成果，讨论中外委员发表的意见和建议，形成给中国政府的政策建议。我国国家领导人江泽民、李鹏、李瑞环、朱镕基、温家宝在历次年会期间或出席年会或会见国合会委员，听取国合会的政策建议。

近十年来，国合会先后组建了涉及环境与发展问题诸多领域的几十个政策研究项目，其中包括：能源战略、污染控制、生物多样性、环境与经济、环境与贸易、清洁生产、环境保护投融资机制、循环经济、农业与农村、流域综合管理、可持续城镇化战略、环境执政能力、环境和自然资源定价、生态补偿机制等。通过这些项目的带动，国合会组织几百名中外专家共同参加研究，提出了多项重要的政策建议。很多建议已被吸收与采纳，发挥了建言献策的智囊作用。

19年来，国合会见证了中国推动可持续发展的不懈努力和取得的进展重大进展，并在这个过程中发挥了独特作用。除了中国的环保事业通过国合会得到了国际社会的资金和人才支持外，自国合会成立以来，我国所进行的各项涉及可持续发展和生态环境保护的科研课题、政策研究、田野作业和团队建设等都得到了包括加拿大、挪威、瑞典、德国、英国、瑞士、日本、荷兰、意大利、澳大利亚、法国、丹麦、欧盟、联合国环境署、联合国发展计划署、世界银行、亚洲开发银行、世界自然基金会、洛克菲勒基金会、福特基金会、壳牌公司、美国环保协会、洛克菲勒兄弟基金会等国家政府、国际机构和非营利组织以及跨国公司等的资金和技术支持。中国政府相关部门包括外交部、发展改革委、财政部、商务部以及其他国内合作伙伴等对国合会给予高度关注并提供了重要支持。国合会和国际社会、国内工作部门形成了长期的良好的合作关系。

长期良好的国际合作关系使得国合会成为我国参与全球

环境治理一个平台。通过中外高层开放和坦诚对话，这个平台促进世界了解中国，推动中国的环境与发展事业全面走向世界。国合会打开了一扇大门，把国际上可持续发展的经验带入中国。国合会架设了一座桥梁，沟通了中国与国际社会在环境与发展领域的交流。

面对未来，国合会将继续借鉴和吸收世界各国实施可持续发展的先进经验、政策，服务于推动中国环境保护实现历史性转变，更加关注中国与全球环境与发展的相互影响，更加关注中国应对包括气候变化、生态系统保护等全球环境问题所面临的挑战，继续为促进创造更加清洁、安全、可持续的未来和人与自然的和谐发挥积极作用。

积极推动环保企业国际化发展进程

除了与非洲、中东、南美和东南亚等产油国建立能源—环境战略同盟，实施绿色援助贷款或赠款，支持其建设环境公共设施等宏观战略外，我国政府还努力为大型环保企业营造良好的政策环境，实施"走出去"和"引进来"的发展战略，为环保企业走向国际市场开辟途径，促进环保企业在全球环境治理市场中开展国际竞争和合作。

一方面大力支持符合条件的环保企业到境外参加环境治理工程和生态保护工程竞标，承揽境外各类技术咨询培训、工程设计和建设运营项目，大力扩展环保设备出口和服务输出。这方面，我国水务企业"走出去"的成功发展充分代表了中国环保企业的国际化之路。

桑德集团是专业从事资源综合利用和环境服务领域系统

集成的大型高科技环保企业，是由包括桑德国际有限公司、北京海斯顿环保设备有限公司、北京桑德环境资源股份有限公司等企业组成的一家民营企业集团。桑德集团还是国家环保总局认定的重点骨干环保企业。自2006年10月，桑德集团的联属企业——桑德国际在新加坡上市，集团就确立了发展的国际化方向。

2009年7月，桑德集团接到沙特阿拉伯第九污水处理厂升级改造项目的中标通知书，合同总金额达5.6亿元人民币。该合同仅是第九污水处理厂第二阶段的合作项目，即新建污水处理厂。该厂的第一和第三阶段及相关改造项目的设计也由桑德承担。三个阶段的合同总额预计合计将达到7亿元人民币。桑德国际主要致力于市政污水、市政给水、工业废水、工业给水、废水深度处理循环再利用等领域的设计咨询、项目投资、建设运营、总承包、设备集成、运营管理等类型的服务业务，截至2009年，桑德国际已完成的各类水务和环境工程业绩近600个。市场化国际水务大单落袋桑德，打响了桑德国际化进程的第一炮。

除了桑德国际，北控水务集团的发展也具有国际企业的风范。2009年11月，该集团与马来西亚政府能源、绿色科技及水务部签署了马来西亚污水处理服务合作备忘录。此次合作涉及马来西亚19座污水处理厂、配套管网及附属设施的设计、建设与运营服务，总投资金额约120亿元人民币。北控的大手笔加速了进军海外水务市场的步伐。该集团已经成为在香港联合交易所主板上市公司和国内具有核心竞争力的大型水务集团。

另一方面我国政府鼓励国内环保企业敢于"引进来"，通过合作、并购、参股国外先进环保研发和设备制造企业，整合战略资源促进产业升级，在技术开发上加大力度，增强企业核心竞争力。国外工业污染物治理的成功经验一直值得我们完全借鉴。国际水务公司在中国的工业废水专业化治理之路就是这种借鉴的缩影。

苏伊士环境集团是世界领先且专门致力于环境服务的公司，业务遍布全球。2009年苏伊士环境营业额达到123亿欧元，向9000万人提供饮用水，向5800万人提供污水处理服务，向4600万人提供废物收集服务。2002年3月，苏伊士环境集团的子公司——中法水务投资有限公司与上海化工园区共同组建了上海化工园区中法水务发展有限公司，合作期限为50年。为园区内众多国际知名跨国公司（如英国石油的合资企业、德国的拜耳、巴斯夫的合资企业）以及一些国内大型化工企业（如中石化）提供水务，包括饮用水和工业水处理，废水处理装置和排污管理系统的建设、运营与维护服务。

法国威立雅环境集团是全球首屈一指的水务公司，拥有150多年水务经营管理经验。20世纪80年代，威立雅环境集团来到中国，为中国的市政和工业客户提供着眼于水的再生循环利用及可持续发展的、涵盖整个水循环系统的全方位的服务。2006年，燕山石化和威立雅公司合作成立了北京燕山威立雅水务有限责任公司，该公司在五年内投资1亿多元进行污水处理改造。威立雅水务集团还与中国石化签署了长达25年的合作协议，该合资企业将由威立雅水务集团运营管理，并预计产生总营业额5.8亿欧元。该项目的相关设施包含4个日均总处理能力达129,000 m³污水处理厂以及2个可日处理40,000t 的再循环水设施。项目负责处理燕山石化的炼油厂及6个化工工厂所产生的工业废水及生活区的生活污水。至2008年止，威立雅环境集团在中国21个城市运营管理着25个项目，成为中国水务领域的主要国际合作伙伴。

十六大以来，我国各级政府充分利用各种比较优势，积极鼓励各型各类环保清洁和生态科技研发集团和企业参与了国际环保产业的市场中去，在全球化的产业链中发展壮大，成为我国环保企业和绿色产业的窗口和交流平台。至此，我国的环境保护和生态建设的国际合作与交流形成了三个层次：一是政府间的以资源和能源等宏观议题的政治合作；二是非政府间的各类社会组织和知识精英的以政策研究和产业发展规划等为议题的科研合作；三是环保和生态科技企业集团间的以技术运用和市场开发为议题的企业合作。这些不同层次和不同类型的广泛合作将对我国生态文明建设的广度和深度产生积极的影响，特别是对我们在国际生态外交发展具有重要的实践意义。

结束语

经历从农业文明到工业文明的历史进程，人类已经站在更高的文明台阶上——生态文明，这是当今世界又一次划时代的伟大变革。党的十六大以来，建设生态文明作为全面建设小康社会的一项新要求、新任务，正在引领中国走上一条生产发展、生活富裕、生态良好的文明发展道路。

2002年，党的十六大把"生态环境得到改善，推动整个社会走上生产发展、生活富裕、生态良好的文明发展道路"作为全面建设小康社会的重要目标。2007年，党的十七大上提出，建设生态文明，基本形成节约能源资源和保护生态环境的产业结构、增长方式、消费模式，并将其作为全面建设小康社会的一项新要求、新任务。这是"生态文明"的概念首次写入党代会报告。由此，生态文明成为中国现代化建设的战略目标。2012年7月23日，胡锦涛总书记在省部级主要领导干部专题研讨班上指出，必须把生态文明建设的理念、原则、目标等深刻融入和全面贯穿到我国经济、政治、文化、社会建设的各方面和全过程，坚持节约资源和保护环境的基本国策，着力推进绿色发展、循环发展、低碳发展。

建设生态文明，是以胡锦涛同志为总书记的党中央坚持以科学发展观统领经济社会发展全局，创造性地回答怎样实现我国经济社会与资源环境可持续发展问题所取得的最新理论成果，是中国特色社会主义理论体系和中国特色社会主义事业总体布局的重要组成部分。党的十七大后，生态文明建设进一步上升为政府的施政纲领和国家发展理念。"十二五"规划纲要则明确把"绿色发展，建设资源节约型、环境友好型社会"，"提高生态文明水平"作为"十二五"时期的重要战略任务。

绿色发展、循环发展、低碳发展成为我国经济列车新引擎。绿色发展从理念到实践，考验着一个国家的行动力、政府的决策力和执行力。"十一五"规划纲要第一次把节能减排列为约束性指标，国家相继出台《促进产业结构调整暂行规定》《产业结构调整指导目录》，限制高排放、高耗能行业盲目扩张。过去6年，全国淘汰了8383万千瓦能耗高、污染重的小火电机组，相当于一个欧洲中等国家的电力装机规模。另一方面，大力发展节能环保产业和清洁低碳能源——中国已经成为全球水电、风电装机总量最大的国家，在太阳能发电和风力发电行业的支配地位，已超越欧盟成为全球最大的清洁能源技术装备制造国。坚持建设生态文明、走可持续发展道路，并没有因此而减缓经济列车的速度。2003年至2011年，我国国内生产总值年均实际增长10.7%，甚至在受国际金融危机冲击最严重的2009年依然实现了9.2%的增速，远高于同期世界经济3.9%的年均增速。

生态文明建设成为推进我国社会事业发展和改善群众生活环境的新动力。经过多年的不懈努力，我国生态建设与环境政策思路不断完善，不仅仅体现在各项数字指标的改善上，更为人民群众生活质量带来了切实变化：（一）主要污染物减排成效明显。据统计，2011年全国废水排放量为652.1亿吨，其中化学需氧量排放量为2499.9万吨，氨氮排放量为260.4万吨；废气中二氧化硫排放量为2217.9万吨，氮氧化物排放量为2404.3万吨；工业固体废物产生量为32.5亿吨。（二）积极推动城镇污水处理设施建设和运营，完善水污染防治法律体系，加大水污染防治执法力度，对城市饮用水源保护区进行全面调查，严密防控和妥善处理水污染事件，保证了群众饮水安全。（三）越来越多的城市致力于打造经济、社会、文化、生态全面协调发展的宜居城市。园林绿地总面积、城市污水处理厂和城市生活垃圾无害化处理设施等，都进入了历史上的最快发展时期。

生态文明建设成为大力加强保护自然、建设自然的新推手。近10年来，我国不断增加投入，加强森林生态系统、湿地生态系统、荒漠生态系统建设和生物多样性保护，全面实施了退耕还林、天然林保护、三江源自然保护区生态保护与建设、"三北"防护林体系建设、沿海防护林体系建设等生态工程。近10年来，我国累计完成造林面积8.63亿亩，是历史上造林面积最多的10年，森林面积达到1.96亿公顷，其中人工林面积达到6168万公顷，居世界首位。目前，我国生态建设取得了很大成绩，破坏生态环境的迅猛势头得到控制，局部生态环境明显改善。截至2011年底，全国已建立各种类型、不同级别的自然保护区2640个，总面积约14971万公顷，其中陆域面积14333万公顷，占国土面积的14.9%。十年来，我国东部重回青山绿水，西部草原牧草繁茂，湖泊水位增加，野牦牛、岩羊、黑颈鹤等野生动物又多起来。自然生态的良性变迁正是党努力实现在发展中保护、在保护中发展，为子孙后代创造良好生存发展环境的生动缩影。

生态文明建设成为全民环保行动的新主题。"参与"是十年来我国生态文明建设的关键词。提着环保袋上街购物，夏天把空调温度调高，争当环保志愿者……比取得以上成就更重要的，是人们环保意识的提高。北京市在东城、朝阳两个城区投入2000辆自行车，开启了公租自行车项目。根据规划，2015年租赁网点将达1000个，自行车增至5万辆，届时自行车出行比例将提升至23%。而在杭州，已经建成了世界最大规模的公共自行车系统，6万辆公共自行车穿梭在大街小巷。这座旅游城市的目标是，到2020年拥有17.5万辆公共自行车。美国《大西洋》月刊不久前一篇报道对此评论道，自行车的重新兴起是中国社会转型的一个象征。建设生态文明，不是只靠大工程、大项目，也不仅仅是少数人的事。截至2011年底，全国参加义务植树人数累计达133亿人次，义务植树614亿株。这项运动已成为世界上参与人数最多、持续时间最长、影响范围最大的生态文明实践活动。近年来，社会公众生态环境保护意识不断增强，参与热情高涨——这为中国在可持续发展的道路上加速前进提供了源源不断的强劲动力。如今，生态文明、环境保护不是一个空洞的概念，而是人们生活方式的重要内容。

总之，在青山绿水间诗意地栖居，是全人类共同的愿望。勤劳的中国人民在党的领导下正在用汗水和才智建设生态文明，走出一条具有中国特色的绿色可持续发展之路。